建筑设计构思表达

（原著第二版）

[美国] 莫・兹尔　著
陈彦宏　译
张　昕　审

江苏凤凰科学技术出版社
南　京

江苏省版权局著作权合同登记号　图字：10–2020–356

Original Title：*The Architectural Drawing Course：Second Edition*

图书在版编目（CIP）数据

建筑设计构思表达 ：原著第二版 /（美）莫·兹尔著；陈彦宏译. — 南京 ：江苏凤凰科学技术出版社，2021.1
ISBN 978-7-5713-1542-9

Ⅰ. ①建… Ⅱ. ①莫… ②陈… Ⅲ. ①建筑设计－教材 Ⅳ. ①TU2

中国版本图书馆CIP数据核字(2020)第224552号

建筑设计构思表达（原著第二版）

著　　者　［美国］莫·兹尔
译　　者　陈彦宏
项目策划　凤凰空间／杨　易　张晓菲
责任编辑　赵　研　刘屹立
特约编辑　杨　易

出版发行　江苏凤凰科学技术出版社
出版社地址　南京市湖南路1号A楼，邮编：210009
出版社网址　http：//www.pspress.cn
总 经 销　天津凤凰空间文化传媒有限公司
总经销网址　http：//www.ifengspace.cn
印　　刷　广州市番禺艺彩印刷联合有限公司

开　　本　787 mm×1092 mm　1／16
印　　张　10
字　　数　307 000
版　　次　2021年1月第1版
印　　次　2021年1月第1次印刷

标准书号　ISBN 978-7-5713-1542-9
定　　价　89.80元

图书如有印装质量问题，可随时向销售部调换（电话：022-87893668）。

前言

学习建筑学既是一种脑力劳动，也是一种体力劳动。这也就意味着，建筑设计是将意向（想法）融入反复的推敲中（用每一个建立在前一个问题基础上所进行的调查来解决问题的过程），并将其以建筑物或空间的形式表现出来。建筑师们通过绘图及模型来解释、研究自己的意图和想法。这些建筑表现形式是一套有约定俗成的规则和含义的视觉语汇的范本。它们传递了建筑师的想法并强化了设计理念，是对建筑环境进行设计、描述及探索的必不可少的工具。

这本书是关于建筑表现的视觉语言的介绍，配有范例、参考文献及研究建议，便于读者增进必备的技能。本书在挑战有关建筑学的先入为主的看法的同时，让读者能够对建筑环境进行批判性的评估。在设计师看来，建筑表现是至关重要的环节。作为一本基础课程教材，对于想要攻读建筑学专业，或者开展建筑风格的研究，或对建筑设计创意方面感兴趣的人来说，本书是理想之选。

本书通过一系列三维设计问题，让读者探究有关比例与尺度、空间与体积、构图与序列、材质与纹理等各方面问题，并同时学习建筑表现的语言。此外，本书还提供了一系列练习，阐述建筑构思概念化的过程，以及如何用绘图和模型将这些构思表达出来。与建筑设计的过程大体相同，本书的方法论即为在实践中积累，以前序练习为基础，逐步传授技能。

无论是在建筑构思的过程中，还是将其记录下来用以陈述介绍，各种建筑表现形式都有其用武之地。它们既是达到目的的手段，也是目的本身。把设计构思转换到纸面上接受检验是非常必要的。当这些构思（在纸面上的草图或手工模型中）实际呈现出来的时候，设计师可以做出反应、质疑、调整、修改。这就是用身体力行（动手）的方式，记录所有想法及理念，启发构思的过程。在表现设计构思的过程中，要问“为什么”，包括为什么是这个尺度，为什么是这个形状，为什么是这个数量等。推敲过程结束的时候，模型和图纸也形成终稿，呈现给不同类型的受众。

建筑学是通过设计、过程及技能进行传授的。本书通过范例、研究（背景信息）、清晰的指导及练习的方式，鼓励好奇的观察者对自己周围的事物进行调研。其目的在于，希望当读者构想一个新的建筑环境之时，竭力以三维空间的角度去思考和观察。

莫·兹尔

mozll

关于本书

本书分为七章，通过补充大学初级设计课程的设计问题，来讲授各类建筑表现技巧。每章都强调设计的过程，并将其进一步分解成几个单元，通过循序渐进的指导来阐述表现的过程。实践训练可以让你练习和完善自己的新技能，从对空间的概念化到对其进行二维、三维的可视化，并通过剖面图、立面图和充分表现的透视图来展示。

本书还收录了专业的建筑设计项目范例。这些现实生活中的真情实景展示了对设计决策产生影响的建造技术及材料。案例研究展现了不同设计师对一系列项目说明的不同解读。你还会从中找到进入建筑领域的专业建议，以及后续要做哪些准备，同时消除一些关于建筑学的常见误解。

010 建筑设计构思表达（原著第二版）

第1单元　什么是建筑学？

本单元鼓励你用批判的方式看待建筑环境。你对建筑是如何定义的？你对建筑物是如何定义的？它们有什么相似之处和不同之处？建筑可以是艺术吗？

“建筑”（architecture）一词来源于希腊语单词“arkhitekton”，意为建筑师或工匠。《韦氏新通用无删节词典》（*Webster's New Universal Unabridged Dictionary*）给出的现代定义表示，建筑是“设计建筑物、开放区域、社区及其他人造的构筑物和环境，通常与美学效果相关”。为了支持变革性的用户体验，建筑设计受到了技术、文化、社会、环境及美学因素的影响。

对于学习建筑学专业的人来说，建筑物和建筑是不同的。建筑物通常指任何构筑物，例如加油站或房屋；而建筑是受美学影响的，是对文化的一种反映。关于美学的界定，造就了建筑物和建筑之间的区别，并引发了这样一个问题：“建筑能否成为艺术？”

有些人质疑建筑师是否能够创作出能够满足功能性要求的艺术作品。艺术家们从来都不需要应付将使用功能作为对自己艺术作品的一项要求的问题，而建筑师则必须在每一项建筑任务里都考虑到使用功能。这些对建筑功能各种各样的要求丰富了建筑环境。建筑师通过对建筑环境的创作及调整改变了世界。

阅读书目！

马克·安托万·洛吉耶（Marc Antoine Laugier）
《论建筑》（*An Essay on Architecture*）
亨尼斯和英格尔斯出版社（Hennessy & Ingalls）
2009年
（1753年初版于巴黎）

维特鲁威（Vitruvius）
《建筑十书》（*The Ten Books on Architecture*）
（第1—3章由希基·摩根、莫里斯翻译）
阿达曼特传媒公司（Adamant Media Corporation）
2005年
（初版创作于公元前27年）

← 建筑还是建筑物 →

出于美学应用的考量，我们将建筑与建筑物区分开来。该定义承认了大教堂和房屋之间是有区别的。

第1章　建筑语言　011

阿尔瓦·阿尔托

阿尔瓦·阿尔托（Alvar Aalto，芬兰，1898—1976年）的早期作品不仅受其斯堪的纳维亚前辈的北欧古典主义影响，例如贡纳·阿斯普隆德（Gunnar Asplund），还受到日益发展的现代主义建筑运动的影响。他设计的维堡（Viipuri）图书馆（1929—1932年）清晰地反映出了这两种影响，以及他自己的人文主义风格。室内设计采用了温暖的木料细节设计，是对自然光线及建筑剖面的人性化的处理。

阿尔托推崇整体艺术（gesamtkunstwerk），即各种艺术的综合。也就是说，他不仅精心设计了建筑物本身，还设计了包括灯具、门把手、家具、玻璃器皿在内的绝大部分家具。有很多椅子及家庭用品都出自他手。

阿尔托是一名伟大的建造者，他完成的100多个项目遍布欧洲及北美洲。

↑ 自然光线的处理

意大利里奥拉教区教堂（Riola Parish Church）的不对称混凝土结构展示出了阿尔托在表达空间方面对自然光线的标志性处理。

阅读本书之后，读者自己应不时地去定义建筑。本书意在激发你用新的方式来审视并定义周围的建筑环境。

建筑环境的设计有多种形式和尺度。几个世纪以来，建筑师们设计建筑物、景观、城市、校园、街道、展览馆、导向标识及平面设计、照明、家具和其他产品。以弗兰克·劳埃德·赖特（Frank Lloyd Wright）为例，许多由他设计的作品中，全部的元素都由他设计完成，包括家具及餐具。据说他甚至还会回到客户的家中，要求将家具搬回到他原本设计的位置上。

无论设计作品的尺度大小，微观或是宏观，背景或是环境，都需要考虑到身体上和精神上的双重感受。

专业教室课程

在建筑学院里，专业教室是学生们学习并实践设计过程最有代表性的地方。考虑到此类课程对画图及模型制作的要求，大多数学校都会提供专业教室。

专业教室课程的教学构成与传统的讲授课程不同。在专业教室中，学生们通过操作过程进行画图、制作及构建作品，其中包括与教授及其他学生在专业教室里进行详细的讨论。教授们在这些开放性的空间里给出直接反馈，包括对如何继续设计的建议或者所需的前期研究。

通常，在专业教室课程中展开的设计项目通过“评审”进行评估。在评审过程中，由学生主导对话交流，用图示材料作为对话的视觉辅助。评审员们根据作品构思的明确性及其与表现的关系对作品展开评论，同时也鼓励学生们发表意见并参与其中。评审过程留给学生们一个反思作品的时机，使学生们可以用设计手法重新调整设计意图。

↑ 专业教室环境

学生们在专属空间里的个人工作台上能获得最佳的工作状态。在许多专业教室中，绘图板放置在与电脑相邻的位置，便于模拟和数字工作状态之间的转换。

阅读书目 / 网站

本书会为各个单元给出阅读书目和有用的网站作为参考。

建议

本书分布了许多建议栏，提供与建筑设计相关的其他论述及指导。绘图技巧、研究方法和比较评价都能在这里找到。

传记

这个部分着重介绍建筑领域的重要人物。

案例研究

该部分将重点突出能够自证主题的专业项目。专业范例用现实中的应用为表现作业打下基础。

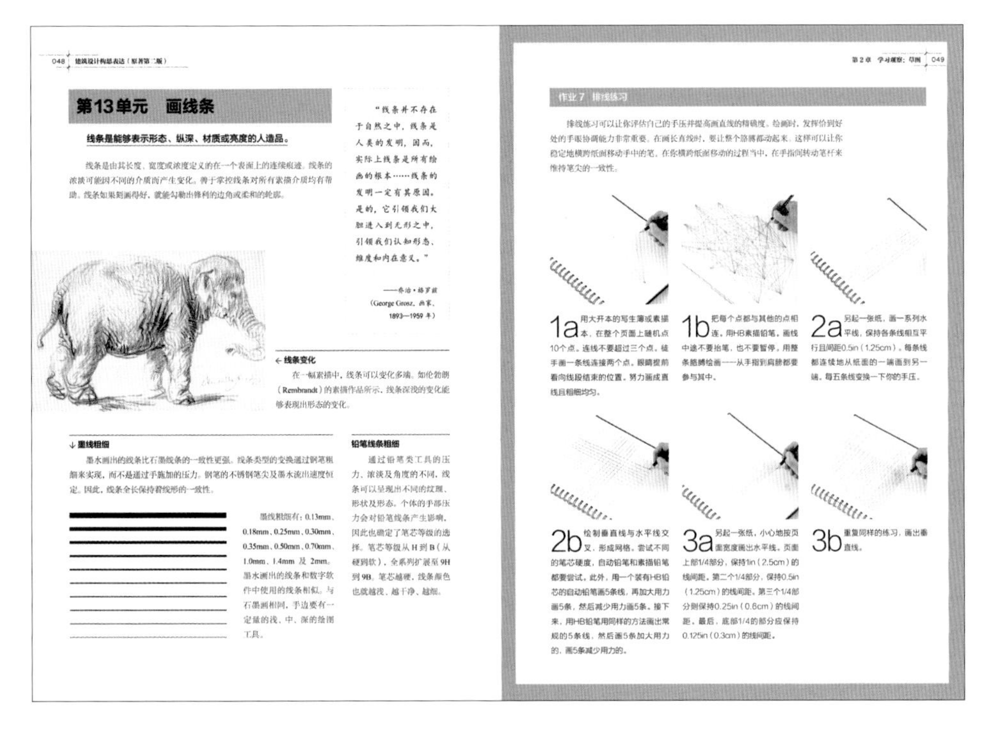

作业

每一章节都包含一定数量的项目作业，给你检验自身技能及挑战自己创意思维的机会。学生的作业范例可以为设计方式提供经验和策略。

Arcturus

目录

第 1 章

建筑语言
ARCHITECTURAL LANGUAGE

本章为建筑学教育奠定了基础。本章分为若干单元，详细叙述了建筑绘图的类型及表现方法，同时建立基础的建筑术语。

掌握基础的建筑语言有助于清晰地交流建筑构思、基本理念、表现类型，以及用于创造及传播建筑构思的惯例。你将学习多种建筑表现形式，以及用什么来表现，为什么及何时绘图和制作模型，如何与不同类型的受众进行沟通。

时下流行的数字技术正在改变我们与同事、设计师、咨询方及承包商的沟通方式，但是建筑师需要通过草图、模型及图纸来进行二维、三维的构思。尽管越来越多的活动都用数字软件来完成，但通用的绘图类型仍然是理解和描述建筑的基础。科技方面的进步乃至变革，改变了建筑学专业的学生学习的技巧和技能，但是基础的思维方式及绘图技能仍旧是必不可少的。

第1单元 什么是建筑学？

本单元鼓励你用批判的方式看待建筑环境。你对建筑是如何定义的？你对建筑物是如何定义的？它们有什么相似之处和不同之处？建筑可以是艺术吗？

“建筑”（architecture）一词来源于希腊语单词“arkhitekton”，意为建筑师或工匠。《韦氏新通用无删节词典》（*Webster's New Universal Unabridged Dictionary*）给出的现代定义表示，建筑是“设计建筑物、开放区域、社区及其他人造的构筑物和环境，通常与美学效果相关”。为了支持变革性的用户体检，建筑设计受到了技术、文化、社会、环境及美学因素的影响。

对于学习建筑学专业的人来说，建筑物和建筑是不同的。建筑物通常指任何构筑物，例如加油站或房屋；而建筑是受美学影响的，是对文化的一种反映。关于美学的界定，造就了建筑物和建筑之间的区别，并引发了这样一个问题：“建筑能否成为艺术？”

有些人质疑建筑师是否能够创作出能够满足功能性要求的艺术作品。艺术家们从来都不需要应付将使用功能作为对自己艺术作品的一项要求的问题，而建筑师则必须在每一项建筑任务里都考虑到使用功能。这些对建筑功能各种各样的要求丰富了建筑环境。建筑师通过对建筑环境的创作及调整改变了世界。

阅读书目！

马克·安托万·洛吉耶
（Marc Antoine Laugier）
《论建筑》
（*An Essay on Architecture*）
亨尼斯和英格尔斯出版社
（Hennessy & Ingalls）
2009 年
（1753 年初版于巴黎）

维特鲁威
（Vitruvius）
《建筑十书》
（*The Ten Books on Architecture*）
（第 1—3 章由希基·摩根、莫里斯翻译）
阿达曼特传媒公司
（Adamant Media Corporation）
2005 年
（初版创作于公元前 27 年）

← 建筑还是建筑物 →

出于美学应用的考量，我们将建筑与建筑物区分开来。该定义承认了大教堂和房屋之间是有区别的。

阿尔瓦·阿尔托

阿尔瓦·阿尔托（Alvar Aalto, 芬兰, 1898—1976 年）的早期作品不仅受其斯堪的纳维亚前辈的北欧古典主义影响，例如贡纳·阿斯普隆德（Gunnar Asplund），还受到日益发展的现代主义建筑运动的影响。他设计的维堡（Viipuri）图书馆（1929—1932 年）清晰地反映出了这两种影响，以及他自己的人文主义风格。室内设计采用了温暖的木料细节设计，是对自然光线及建筑剖面的人性化的处理。

阿尔托推崇整体艺术（gesamtkunstwerk），即各种艺术的综合。也就是说，他不仅精心设计了建筑物本身，还设计了包括灯具、门把手、家具、玻璃器皿在内的绝大部分家具。有很多椅子及家庭用品都出自他手。阿尔托是一名伟大的建造者，他完成的 100 多个项目遍布欧洲及北美洲。

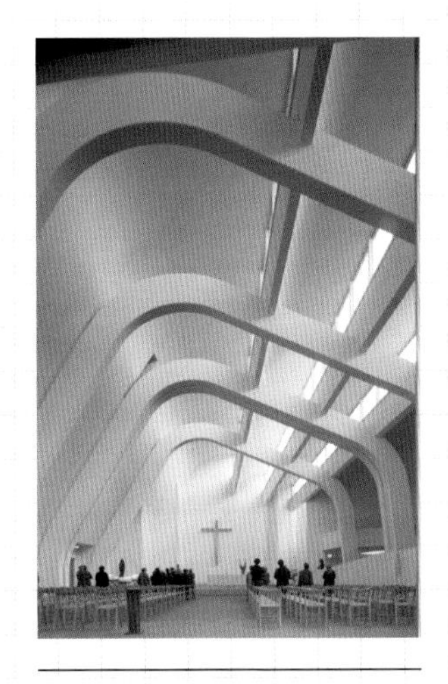

↑ **自然光线的处理**

意大利里奥拉教区教堂（Riola Parish Church）的不对称混凝土结构展示出了阿尔托在表达空间方面对自然光线的标志性处理。

阅读本书之后，读者自己应不时地去定义建筑。本书意在激发你用新的方式来审视并定义周围的建筑环境。

建筑环境的设计有多种形式和尺度。几个世纪以来，建筑师们设计建筑物、景观、城市、校园、街道、展览馆、导向标识及平面设计、照明、家具和其他产品。以弗兰克·劳埃德·赖特（Frank Lloyd Wright）为例，许多由他设计的作品中，全部的元素都由他设计完成，包括家具及餐具。据说他甚至还会回到客户的家中，要求将家具搬回到他原本设计的位置上。

无论设计作品的尺度大小，微观或是宏观，背景或是环境，都需要考虑到身体上和精神上的双重感受。

专业教室课程

在建筑学院里，专业教室是学生们学习并实践设计过程最有代表性的地方。考虑到此类课程对画图及模型制作的要求，大多数学校都会提供专业教室。

专业教室课程的教学构成与传统的讲授课程不同。在专业教室中，学生们通过推敲过程进行画图、制作及构建作品，其中包括与教授及其他学生在专业教室里进行详细的讨论。教授们在这些开放性的空间里给出直接反馈，包括对如何继续设计的建议或者所需的前期研究。

通常，在专业教室课程中展开的设计项目通过“评审”进行评估。在评审过程中，由学生主导对话交流，用图示材料作为对话的视觉辅助。评审员们根据作品构思的明确性及其与表现的关系对作品展开评论。同时也鼓励学生们发表意见并参与其中。评审过程留给学生们一个反思作品的时机，使学生们可以用设计手法重新调整设计意图。

↑ **专业教室环境**

学生们在专属空间里的个人工作台上能获得最佳的工作状态。在许多专业教室中，绘图板放置在与电脑相邻的位置，便于模拟和数字工作状态之间的转换。

第2单元　表现与绘图

事实上，建筑师创作的是建筑物的表现，而不是真实的建筑物。大多数情况下，图纸和模型是建筑师最接近建造建筑物的形式。这些表现方法需要周密的思考和清晰的表达。本单元的重点就是绘图的艺术。

图纸作为一种手工制品，是建筑师使用的二维表现手法。它是一种建立在通用基础上的可视化交流形式，可以表达创意、描述现状并创造出拟建的环境。图纸可以将真实的或者想象的三维图像转换到二维平面上。

技术图纸或建筑图纸遵循一套既有的规范和条例，为讨论及理解设计理念及设计意图时提供可视化表现的服务。就像一套通用的语言代码和符号可以让我们与对方口头交流沟通一样，一套通用的建筑语言使得设计理念沟通成为可能。

绘图能力的提高有赖于勤加练习，这也是一项可以学习掌握的技能。所有人都可以学习绘制出信息翔实、图面漂亮的图纸。然而，仅仅临摹建筑图并不一定能够成为一名优秀的建筑师。因此，在学习绘图技巧的同时，必须激发并锻炼创造性思维。

阅读书目！

布赖恩·安布罗齐亚克（Brian Ambroziak）
《迈克尔·格雷夫斯：盛大旅行图集》（*Michael Graves: Images of a Grand Tour*）
普林斯顿建筑出版社（Princeton Architectural Press）
2005年

雅克布·布利尔哈特（*Jacob Brillhart*）
《勒·柯布西耶的旅程：路上的写生》（*Voyage Le Corbusier : Drawingon the Road*）
W. W. 诺顿公司（W. W. Norton & Company）
2016年

伊恩·弗雷泽和罗德·亨米（Ian Fraser and Rod Henmi）
《建筑想象：图纸分析》（*Envisioning Architecture: An Analysis of Drawing*）
约翰威立出版公司（John Wiley & Sons）
1994年

← 分解轴测图

分解轴测图有助于区分建筑的各个部件，通过这种方式，突出强调什么是体块，什么是面，什么是线。

→ 表现

为项目构思时，要用到各种表现形式，包括轴测图、平面图、剖面图、立面图及透视图。

勒·柯布西耶

毫无疑问，勒·柯布西耶（Le Corbusier，瑞士 / 法国，1887—1965 年）是 20 世纪最具有影响力的建筑师之一。他的“新建筑五点”挑战了以前被称为“学院派传统”的设计方法论，对建筑环境进行了重新塑造。这五点包括：底层架空、横向长窗、自由平面、自由立面及屋顶花园。该建筑手法被正式地应用到他的许多住宅设计当中。他不仅设计了一些 20 世纪最重要的建筑，而且还影响了世界各地无数建筑学院的教学及课程。他的绘画及雕塑也同样享有盛誉、备受推崇。

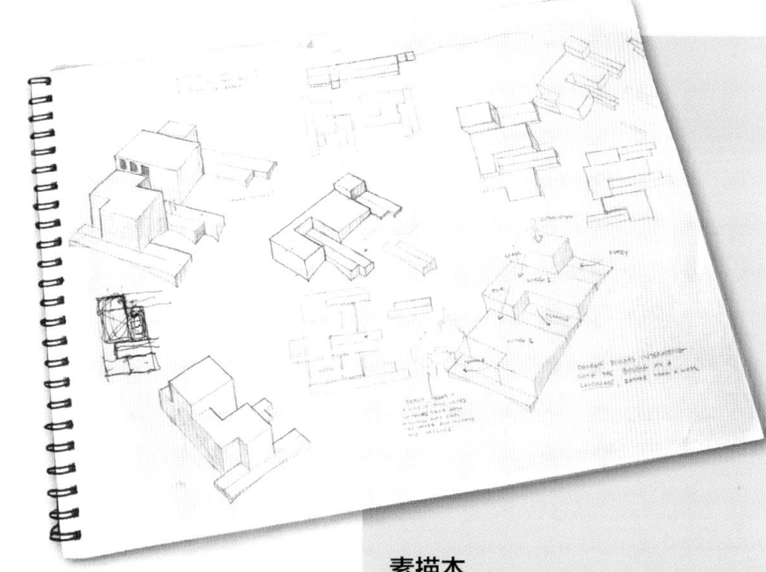

素描本

- 你希望常备手边的工具之一就是素描本。拥有多个素描本是非常实用的。一个小号的尺寸约为 3.5in×5.5in（8.9cm×14.0cm）的素描本可以很方便地塞在口袋里随身携带，而中号的素描本尺寸约为 8.5in×11in（21.6cm×27.9cm），可以让你在更大的幅面上画图。
- 小一些的素描本应该随身携带。它是你记录想法、喜欢的地点，以及让你兴奋的建筑的好选择。中号的素描本是你发掘自己对项目的想法、为自己的图片资料夹搜集素材的理想之选。

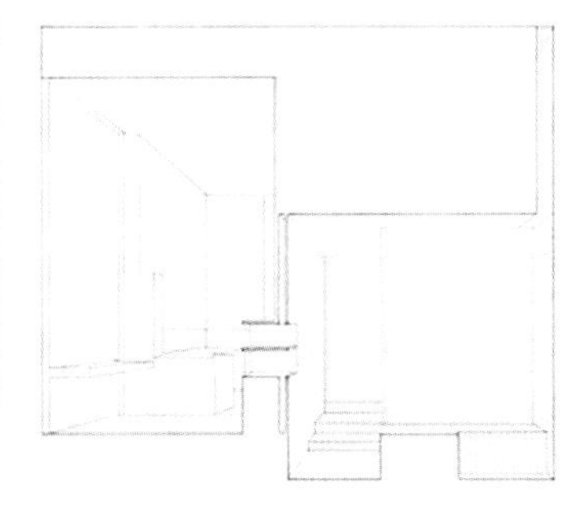

← 设计意图 ↑

不同的设计意图要用不同的绘图方法来表现。炭笔画（如左图所示）能捕捉到空间的气氛，而线描（如上面的剖面透视图所示）能够提供对于空间的更为专业而准确的刻画。

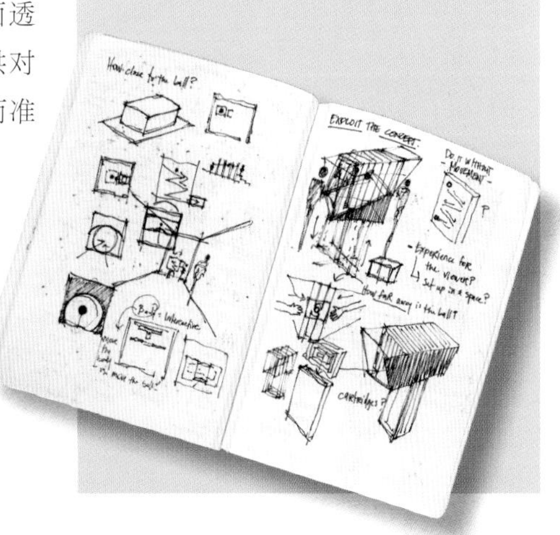

第3单元　表现意图

建筑师通过绘图及制作模型来进行构想、设计及思考。他们记录想法，测试方案，绘制捕捉思想的线条。图纸及模型能够通过表现意图强化设计师的理念。

表现意图——表现背后的方法论及选择——可能在项目描述及建筑理念之间建立更有意义的联系，为可能实现的项目提供更有力的论据。问问自己如下问题："图纸要传达什么信息？整个表现需要讲述的设计理念是什么？哪种类型的图纸能最好地将这些建筑理念表达出来？"这些问题的答案能帮助你建立强化建筑理念所需的标准。

例如，在透视图中，观察者的有利视点可以用来强化设计理念。将有利视点放在页面较低处可以增加戏剧效果。置于低位的视角，加上与对象的靠近，突出了对象的雄伟。

支持建筑理念的意图也可以通过图纸编辑的过程表达出来。在思考绘图的时候，排除在图纸之外的内容与包含在图纸之内的内容同样重要。你所画的每一条线都是决策制定过程的一部分。

马里昂·韦斯

马里昂·韦斯（Marion Weiss，美国）是被盛赞的韦斯/曼弗雷迪建筑公司的创始人。该公司屡获殊荣，挑战了建筑、艺术、生态学、景观建筑、工程学及城市规划之间的学科互动的传统观念。韦斯引人争议的设计力争阐明运动、光线及物质性是如何提高整体体验的。除了使用复杂的计算机程序以外，炭笔素描让该建筑实践探索其设计的形式特性及空间品质。这证明了，无论规模大小，在所有的项目中，空间丰富性是最重要的。

← **炭笔素描**

韦斯的剖面透视炭笔素描展示出了她所设计的西雅图艺术博物馆奥林匹克雕塑公园的各种视角。

作业1　折一折：通过剪辑表达意图

在这个作业中，你只有少量的常见材料，你要用它们将你熟悉的一个地方表现出来：你的家。你必须把“你的家”描述出来，不仅仅是文字表面的地点，而是将这个地方转化出来。首先，要定义一下“家”这词语。你的家最具有辨识度的事物是什么？怎样才能把这个想法塑造出来？不是指“家”本身，而是把这些想法抽象概括出来。转译就是提出一个字面上的想法，并通过抽象化加以修饰。你创作的模型就是这个转译的表现。

作业要求

- 要有创意——不要写实。尝试捕捉空间的本质。
- 各部分必须实际相连（不是一个压在另一个上面）。
- 仔细思考你的表现意图。
- 一旦将材料剪裁成要求的尺寸后，不可以再进行剪裁。
- 给你 15 ~ 20min 的时间来创作你的抽象表现。
- 要明白，做出来的答案或者模型，没有正确、错误这一说。这不过是诠释你的家而已。

你所需要的材料

- 三张普通的 8.5in×11in（21.6cm×27.9cm）复印纸，每张剪裁成6个1.4in×11in（3.6cm×27.9cm）的纸条。
- 两张 12in×12in（30.5cm×30.5cm）的描图纸。
- 手撕报纸——大小约8in×10in（20.3cm×25.4cm）。

1 准备好上述材料并摆在一个平面上。

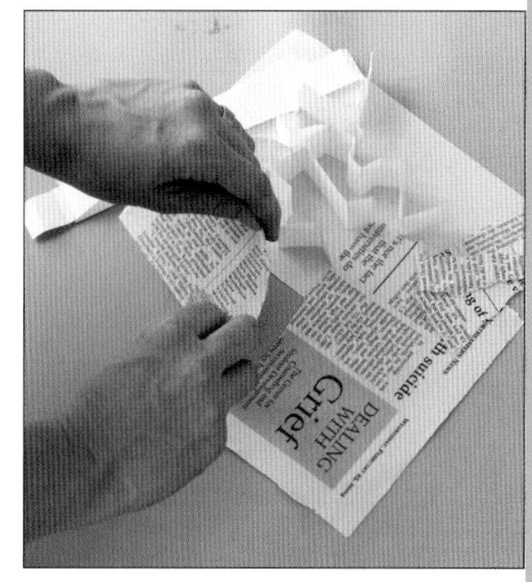

2 不用工具或胶水，根据记忆开始创造你家的模型。尝试着把你的想象变成具体的形象。

3 对材料进行折叠、压皱形成一个整体。仔细思考墙壁、物体或者平面之间的空间关系。

↑ **模型成品**

上面的模型成品代表了一栋水上的房子。

作业 2 学习素描

能够清晰表达意图及理念的图纸才是成功的图纸，不一定非要用艺术的、精美的渲染手法，使之成为“好”的图纸。

能够帮助你理解图纸成功的本质的方法之一就是学习艺术大师及建筑师的草图作品。这可以帮助你深入见识到艺术家及建筑师所选择的思路、能力、风格、技巧及主题。

各种绘画技巧有与其相关联的不同目的，因此，并不是所有的草图都需要以精美的艺术渲染的形式呈现。一些非常著名的建筑师绘制的构思非常清晰的草图并不都是最漂亮的。在绘图过程中，每个艺术家都会剪辑或忽略一些并不支持草图构思的信息。

这个剪辑的过程可以让艺术家突出表现某个特定角度的景象或设计，以便阐明设计理念。

找出两幅草图，从下面列出的分类目录中各选其一。在你的素描本上通过手绘临摹草图，复刻其效果，目的是模仿艺术家所使用的草图技巧。不要描图。将原作副本附在你的草图本里，与你的作品并排而放。

一边临摹，一边检查核对草图技巧。注意绘制的手法、草图外观的整体情况，以及线条的粗细变化。

可供学习的素描

建筑师

- 阿尔瓦·阿尔托
- 珍妮·甘
- 勒·柯布西耶
- 路易斯·康
- 马里昂·韦斯
- 迈克尔·格雷夫斯
- 蕾·伊姆斯
- 藤本壮介
- 扎哈·哈迪德

艺术家

- 弗拉·安杰利科
- 弗里达·卡罗
- 乔治娅·奥基夫
- 莱昂纳多·达·芬奇
- 米开朗基罗
- 拉斐尔
- 伦勃朗

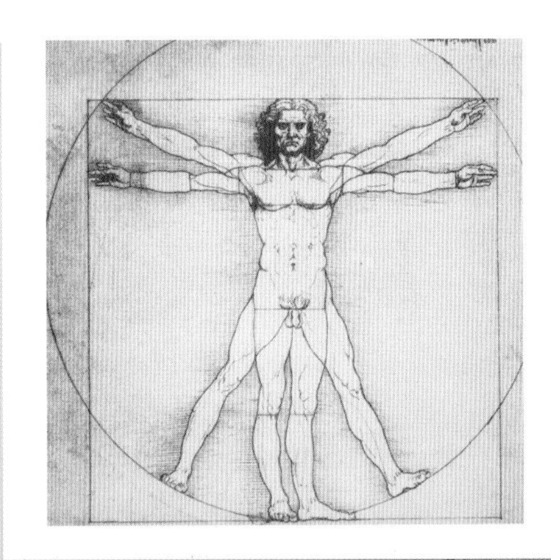

宏伟的建筑物——特拉法加广场 1985年
©扎哈·哈迪德基金会

↑ 几何

莱昂纳多·达·芬奇（Leonardo da Vinci）的《维特鲁威人》（上图）探讨了人体比例中的几何问题。扎哈·哈迪德（Zaha Hadid）为伦敦特拉法加广场制定的方案（下图）表达了许多城市的几何结构。

← 线条及渲染

弗兰克·劳埃德·赖特的这幅草图利用景观元素来突出强调体量与外形。

↓ 线描 →

线条在素描中变化多端。在米开朗基罗（Michelangelo）的这幅绘画作品中（下图），阴影线和轮廓线给对象赋予了形态及架构，而蕾•伊姆斯（Ray Eames）的素描作品（右图）则利用线条（粗线及细线）表达轮廓、平面及体积。

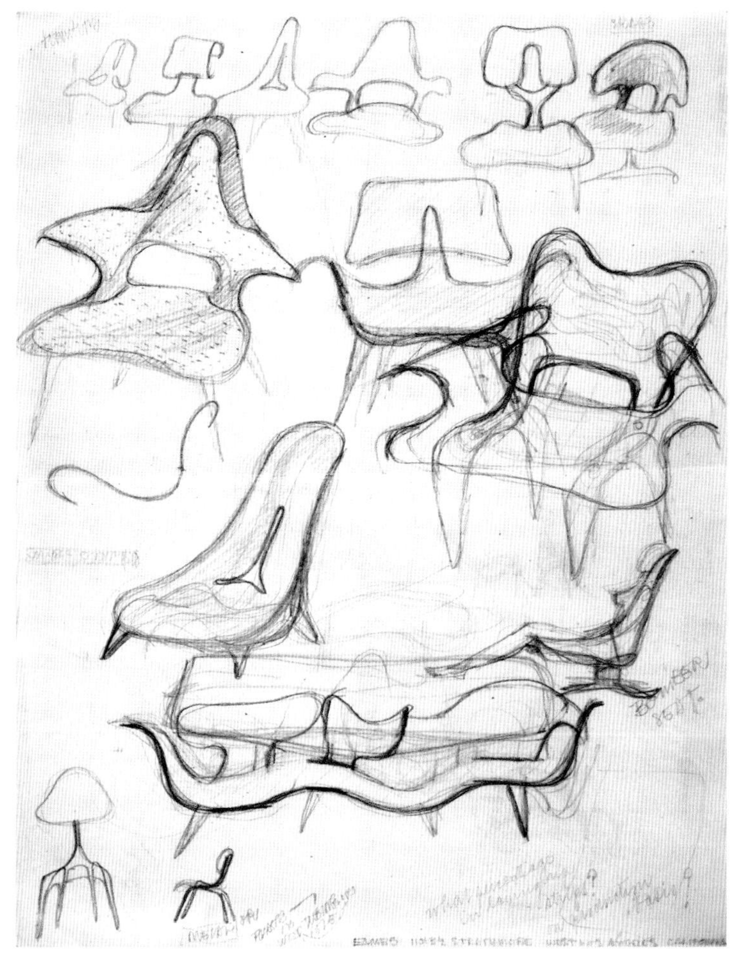

© 2017 年 伊姆斯工作室有限责任公司（eamesoffice.com）

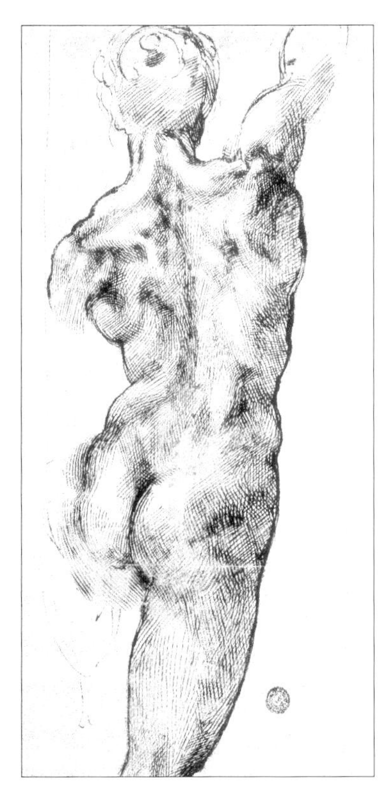

← 空间品质

建筑师诺曼•福斯特（Norman Foster）在他的概念草图中仅用寥寥数笔就捕捉到了空间与形式。线条的活力及方向强化了空间的特点与品质。

第4单元　绘图类型

建筑师通过绘图来表达他们的实际想法。他们通常根据设计意图及受众的标准采用不同的绘图类型。

二维图像，指正投影图，包括平面图、剖面图和立面图。透视图和轴测图是三维图像。将线条与照片、颜色或其他图像材料重叠或组合使用的图像，称为拼贴画。任何一种图纸都可以用尺规作图或徒手作图来创建（手工绘制或在电脑上绘制）。

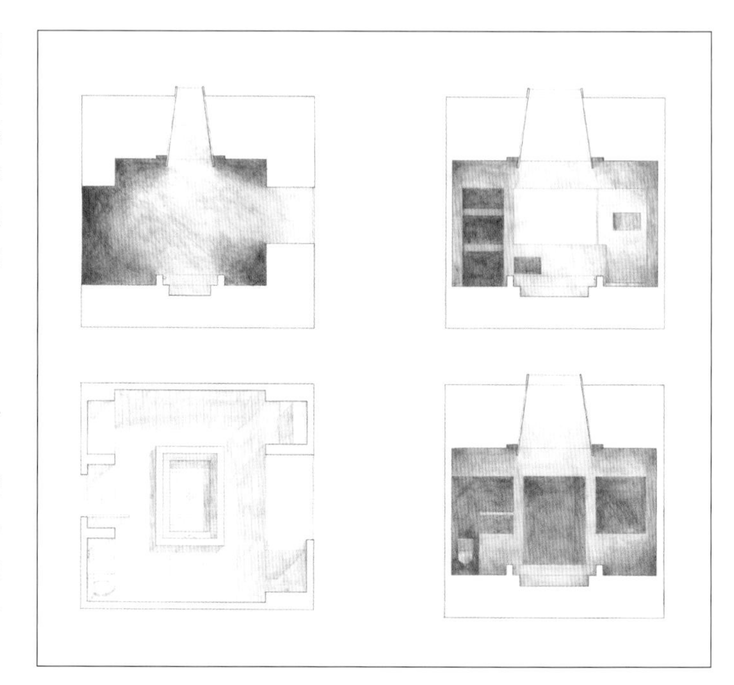

→ 复合剖面

复合剖面描绘了空间中光线的变化情况。每个剖面都捕捉了一个显示出填充（或涂黑处理）空间的变化本质的墙体立面。颜色最深的区域表示了围合空间的最深处。

↓ 场景拼贴

透视图可以与现有的图像通过拼贴技术进行组合。光线可以通过犀牛软件（Rhino）的 GH 插件来绘制，人物（配景环境）可以用 PS 软件添加到现有的场景照片上。

↑ **寻找尺度**

室内透视图及室外透视图可以通过颜色标识把从不同视角观察的同一个空间联系起来。图中这一系列的透视图通过用红色盒子标识同一元素的方式，描述了在穿越一个画廊空间时的视觉变化。

→ **分解轴测图**

构造及材料样式的细节在分解轴测图中进行展示。对重复的材料样式进行分组归类，并且拆分开来以说明局部细节相对于整体设计的作用。

← **透视渲染图**

这幅铅笔渲染图展示出空间中材料的透明度及光感。在这幅透视图中，可以观察到内部空间的纵深，甚至从建筑的外部视角也能看得到。

使用建筑比例尺（度量标准）

这个三棱比例尺通常有六个测量等级，广泛应用于绘图及模型制作中。为方便更广泛地创建各种比例尺，大多数比例尺的最小刻度为 1mm。选择恰当的比例尺，以米为单位或以不足一米为单位测量图纸中的尺寸。

沿着这条测量线，每 2cm 等于 1m。比例尺数已经在测量线上标识出来。需要注意的是，每行刻度上的数字都对应了一组相应的比例。

另一种比例尺则是较为常见的扁平形状。它们通常在同一行刻度上有两组比例尺，一组是另一组的 10 倍，例如：1 ：20 及 1 ：200。专业的比例尺还可以以米为单位读取旧的英制比例尺，例如 1 ：96（1/8 表示 1ft）或者 1 ：48（1/4 表示 1ft）（读数从左往右）。

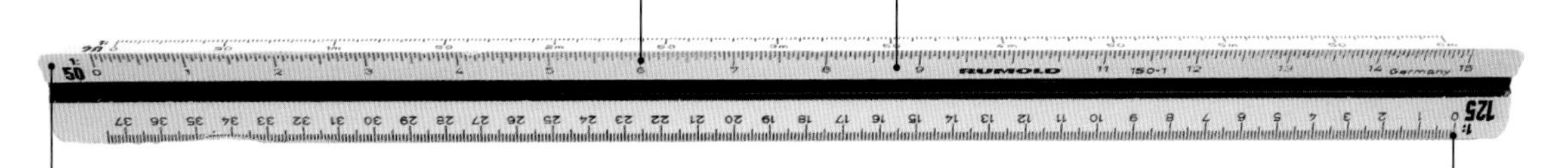

每个尺度都以比例的形式标在测量刻度线的两端。例如，最左端标有 1 ：50，表示在比例尺为 1 ：50 的图纸上，1cm 的刻度相当于 50cm。

在某些比例尺上，会把更小的刻度标在 0 刻度的外侧。因此，以整数米为单位进行测量，再加上 0 刻度以外的小于 1m 的分数是有必要的。

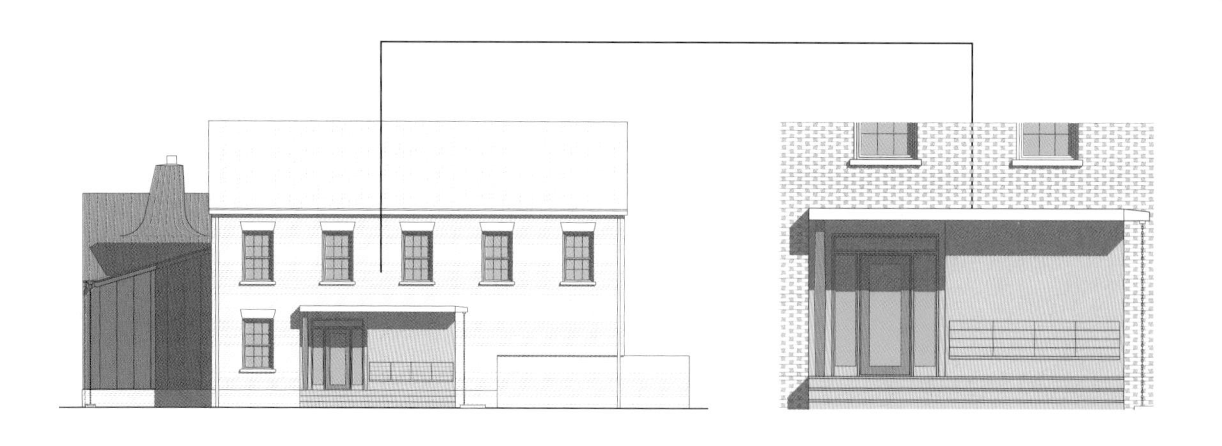

↑ **信息的比例及等级**

一幅图纸所传递的信息种类及容量的大小取决于图纸的比例。一幅比例尺为 1 ：100 的图纸比 1 ：50 或 1 ：20 的图纸所包含的细节信息更少。例如，1 ：100 的图纸上，砖块轮廓线可以被抽象成水平线条，而 1 ：50 或 1 ：20 的图纸上，每一块砖的细节都要恰当地绘制出来。

作业 3 “我喜欢的事物”图片资料夹

这个作业给你一个机会，去收集自己喜欢的、觉得有趣的或者好奇的事物的图片，能够对你的设计作品产生影响或激发灵感的空间、材料及建造技术的图片文档。为了让你的图片资料夹丰富起来，不仅要问自己喜欢什么，还要问自己为什么喜欢。尝试将其归结为一个想法。以下列表现图目录为指导，帮助自己整理各种图纸范例。

- 平面图
- 剖面图
- 立面图
- 轴测图
- 一点、两点、三点透视图
- 徒手画
- 钢笔画
- 铅笔画
- 计算机绘图
- 渲染图
- 实体模型

每个分类都要收集在审美上能够吸引你的，并且与图纸和表现相关的图片。这些图片会成为资源素材，激发你的设计灵感。

作业的重点在于表现手法，所以，不要用既有建筑的照片做素材。在查找图片的时候要包含原始材料，包括建筑物名称、建筑师姓名及图片的出处。

这对于拓展你在表现手法方面的知识非常重要。通过观察别人做过的内容，你可以学习发展自己的风格。

模拟与数字：如何收集图片

拼趣（Pinterest）、照片墙（Instagram）及网络相册（Flickr）都是数字版的图片资料夹。拼趣（Pinterest）是可以让你在全网范围内标记并收集图片的网络服务。照片墙和网络相册都是照片分享网站，可以让你发表图片，并关注其他会员。无论你选择哪种方法，无论是在草图上粘贴图片的复印件，还是用拼趣这类的网站，收集图片的目的都是为了使其成为你的灵感源泉。

调研小贴士

在网上及图书馆里查找能启发你的图片。通过搜索一张图片能启发你寻找没想到的其他内容。

↓ **图像采集**

熟悉建筑范例是非常重要的，可以看看当代及历史上重要建筑师的设计和图纸。感兴趣的图片的范围可以很广泛，从概念草图到竣工图，从平面图到透视图。熟悉当代的及历史的表现手法，可以让你从以前的范例中学习，并建立一个可视化的参考案例库。

第5单元　模型表现

图纸和模型都是抽象的表现方式：它们提供了表达建筑概念和构思的方法。图纸通常是绘制在二维平面上的，而模型则能提供空间及形式的三维抽象表达。

像图纸一样，建筑理念的形成过程及表现都记录在模型当中。模型通常以三维的方式提供一个更为整体的空间表现。建筑模型都是抽象的，因此，它们并不需要表现真实材料。例如，用椴木做的模型并不代表建筑物也是木制的。它们只是空间及形式的表现，并不注重材料的真实。

无论是从空间上、形式上还是构造上，模型都可以强化建筑的意图。例如，可以扩大模型底座的尺度来强调建筑物和地面之间的联系。通过放大模型底座的厚度，更加强调了项目基础与土层之间的稳固。建筑师还可以编辑能够把控模型意图的信息。

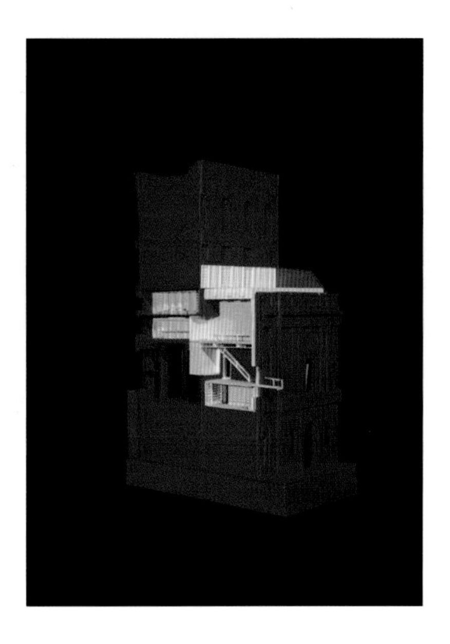

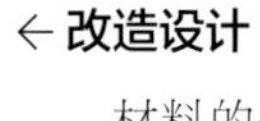

← 改造设计

材料的差别在既有建筑元素和新建建筑元素之间建立了清晰的界限。该设计改造部分是用椴木制作的，插入到一个由刨花板制作的模型当中，瓦楞纸板表示既有建筑物。

模型实践

问问自己：

- 应该用什么材料？
- 如何才能成功地把真实的建筑材料抽象化？
- 材料要用什么样的尺度比例去表现？
- 整个模型都只用一种材料进行制作吗？
- 场地给模型带来哪些限制？是建筑红线还是相邻建筑的边界线？
- 制作模型时应该选取什么比例尺？
- 想要展现什么？记住，模型中可以加入环境配景来凸显比例。

↓ 场地联系

由帕特考建筑事务所（Patkau Architects）设计的牛顿图书馆模型夸张的底座强调了建筑物与场地之间的联系。柱结构系统的角度是通过其深度、形式及接合实现的。

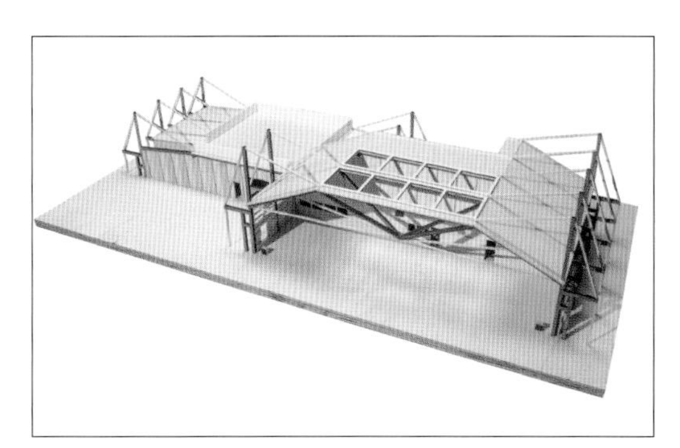

← 细部模型

该大比例模型展现了桁架结构体系。这种抽象模型展示了涉及几何结构、比例关系及设计尺度的结构细部技术。

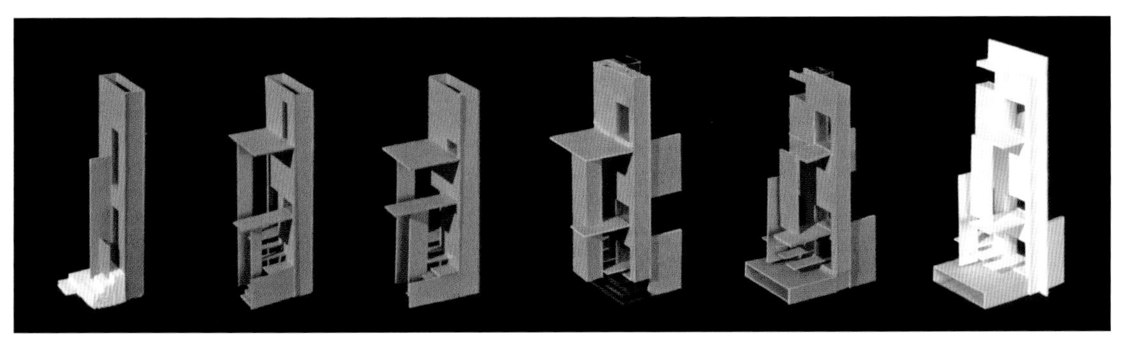

↑ 研究模型

为了帮助你评估想法，可以通过快速拆解及重建模型来进行研究。它们为探索、激发灵感及调查研究提供了机会。你应该把这些种类的模型看作想法的发展过程，而不是最终的表现。它们是推敲设计过程的一部分。这一组模型展现了为研究窗户设计而定制的模型序列。

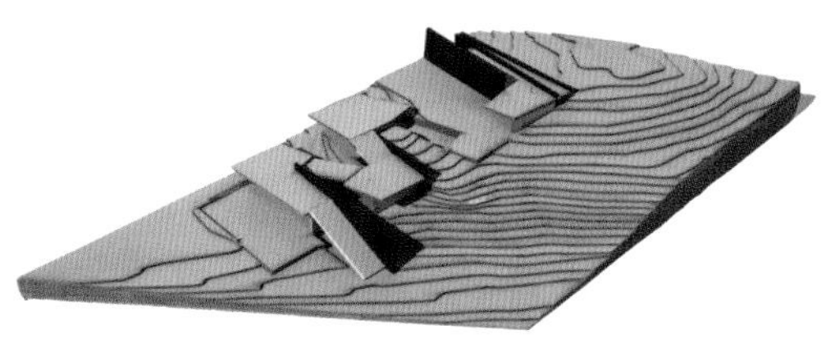

↑ 地形模型

这个地形模型是使用刨花板制作的。地形模型表现了场地的地貌变化。模型的比例决定了每条等高线的厚度。

↓ 体块模型

体块模型主要为了展现建筑物的体积质量，因而可以忽略不必要的细节。体块模型通常用来评估、比较那些处于周围环境中的建筑物的相对形式和比例关系。例如路边、街道、航道等周边环境通常都要在这些模型中体现出来，以展示新建筑和空间将如何与现有条件相互影响。

← 展示模型 ↓

展示模型是用来展示最终设计成果的。在专业领域里，它们用于向客户汇报及社区会议。这些模型不是过程，而是产品。它们通常是项目制作的模型中工艺最精美的一类。右下图的模型展示的是美国威斯康星州哈格蒂艺术博物馆的建筑安装方式，而左上图展示的是一间用高强度石膏和木头做的休息室模型。

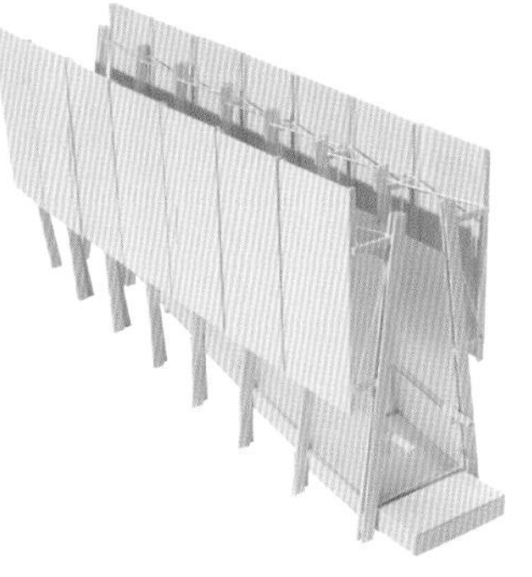

实物模型及数字模型

在设计过程中，制作实物模型与制作数字模型相比，有几点好处。实物模型让你以三维实物的方式体验建筑，让人同时通过局部和整体的角度去理解设计。通过对模型实体的移动及旋转可以动态实现组合构成。该过程促使建筑师切身体会实物模型的体量感，同时鼓励他们思考材料之间的衔接及构造对于建筑理念的作用。设计师与实物模型之间在本质上建立了实际联系。

虽然数字模型可以通过视角的快速选择实现即时浏览，但是这些视角终究还是受屏幕尺寸和软件界面的限制。然而，数字模型能实现对空间的模拟穿越或进入，提供实物模型无法给出的视角。

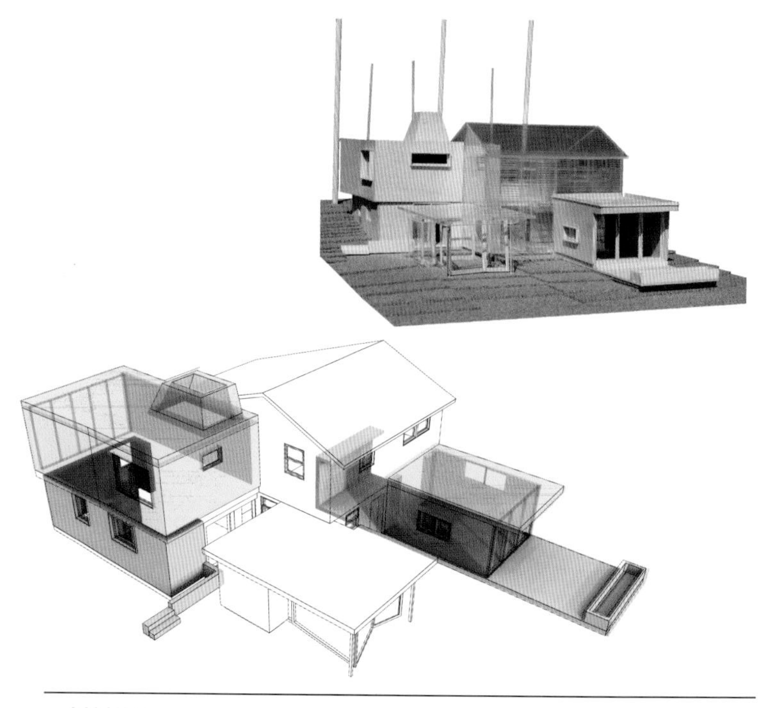

↑ **材料构造**

这两幅图片展现的是同一项目使用数字模型及实物模型进行的透明度研究。数字模型（下图）的图解性更强，强调了空间的连续性，而实物模型（上图）可以让观察者更清晰地明白附属建筑物（椴木材料）的体量。

常用模型材料

模型不一定只用一种材料来制作。使用两种材料可以将既有材料与新材料区分开，或者将不同材料区分开。

刨花板

优点：没有纹理，容易切割，便宜，质地均匀，颜色一致，有不同的厚度，单张尺寸大。

缺点：看起来不精致，会产生轻微的颜色变化。

椴木

优点：纹理可以强调材料的方向性，看起来更精致，容易切割，有条状、板状及块状。

缺点：有纹理，板材的尺寸有限，比刨花板贵。

模型陶土

优点：适合雕刻及景观模型。

缺点：容易干燥，脏，不精确。

无酸卡纸

优点：容易切割，无纹理，单张尺寸大。

缺点：很难保持干净，质地不密实，比刨花板贵。

泡沫板

优点：用于制作大尺寸模型，有各种厚度。

缺点：质地不密实，连接时需要对边缘进行调整。

案例研究 1　建筑实体模型

建筑师

“建筑工作室”，莫·兹尔和马克·罗尔勒(bauenstudio, Mo Zell and Marc Roehrle)。

当你试图把握所设计的项目的整体效果时，二维及三维的表现形式就存在局限性。制作等比实体模型的目的是思考某一特定形式或材料是如何达成效果的。

全尺寸实体模型可以检验现场影响、建造可实施性及材料影响。为了再现设计效果，一些实体模型可以用非传统材料进行制作，而有些实体模型则需要用真实材料进行测试。右图为美国东北大学退伍军人纪念亭的全尺寸实体模型。正在用塑料膜及木头测试纪念墙的比例。该项目实际是用石头建造的。

其他实体模型包括墙面实体模型，通常在现场等比建造。这些实体模型用来检验构造技术、指示系统的清晰度、色彩及图案的选择，同时也检验材料的表现力。

↑ **限定墙体**

墙体与周围环境之间的关系及其围合的空间尺度都可以通过全尺寸实体模型进行验证。现场测试时调整了墙体高度，而墙体的位置和长度被证明是适宜的。

↓ **材料组合**

该所小学的结构模型包含一个能够围住其内部空间体积的真空成型的透明塑料外壳。该外壳首先被建模为反向形式，通过数控铣床用木材雕刻而成。在模型外围用一张塑料板真空成型，然后按尺寸裁剪，形成该模型的概念表皮。

树脂玻璃

优点：透明材料，可以进行内部观察，容易制作幕墙模型。

缺点：不易切割，尤其是中间打孔，透明的质感经常被曲解。

苯乙烯

优点：高度抛光的光滑表面是制作石膏模具的理想之选，有各种不同的尺寸。

缺点：比椴木贵。

软木

优点：有卷状的和板状的，类似成品，易于切割，可用于制作等高线或地貌。

缺点：贵。

瓦楞纸板

优点：经济实惠且随处可见的材料，可用于制作盒子或其他包装材料。

缺点：材料的品质难以满足最终的展示模型，必须考虑模型的外露边缘。

铸模材料(膨胀水泥、高强度石膏或者石膏)

优点：可以塑造成任何形状，仿照混凝土结构建筑要求，可以容纳其他浇筑材料。

缺点：需要制作模具来保持一致性。

第6单元 制作

激光切割机、3D 打印机和数控铣床是制作模型及全尺寸结构的常用工具。

许多学校现在都以拥有某种形式的原创实验室而自豪，配有包括三轴计算机辅助设计和制作（CAD-CAM）铣床、激光切割机、粉末 3D 打印机、“MakerBots”塑料 3D 打印机、真空成型机及布料机等设备，这些只是简单举例而已。其他制造设备及原型设计设备还包括：万能水刀切割机、加工距离 6ft（1.8m）的五轴机械手数控铣床及数控泡沫切割机。利用这些工具可以直接采取新的模型制作方式和加工工艺。

1.概念草图↓

美国威斯康星州沃特福德市的照明安装方式从几张概念草图开始，经过一系列数字模型和木制模型的推敲后结束，探索了在管壁穿孔的视觉效果。

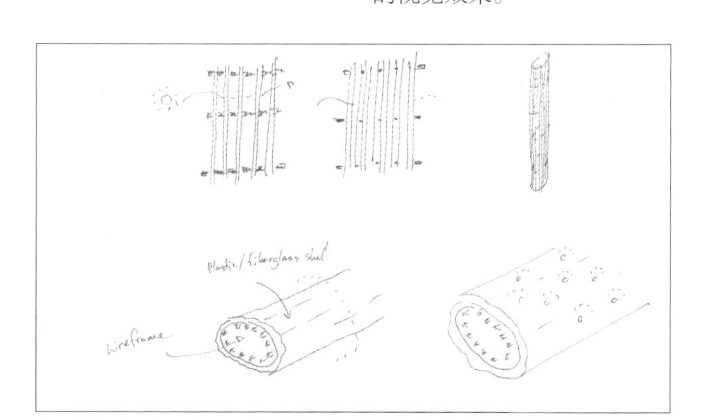

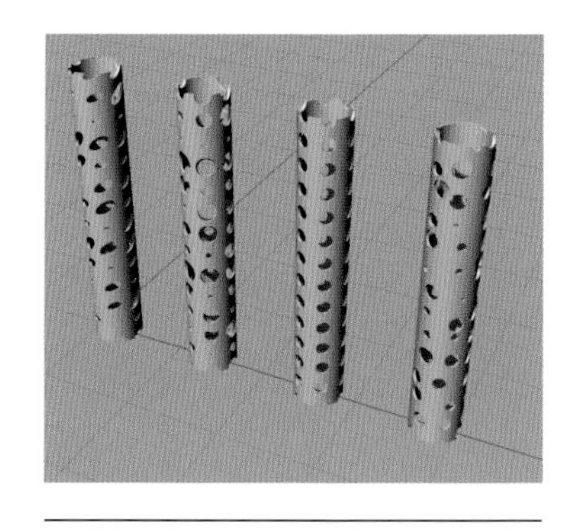

2.变量↑

通过在犀牛软件（Rhino）下使用 GH（Grasshopper）插件，将大量的变量设定到模型当中，包括穿孔尺寸、穿孔布局、管子横截面旋转及管子横截面形状。仅仅通过实时调整这些变量，就能得到大量的各式各样的排列组合。

真空成型机

这是一个利用模具将片状的塑料变形成新形状的工艺。塑料片经过加热后，利用真空将材料吸附在模具上。把材料塑造成不同形状的时候，真空成型的表面单一，且保持连续性。

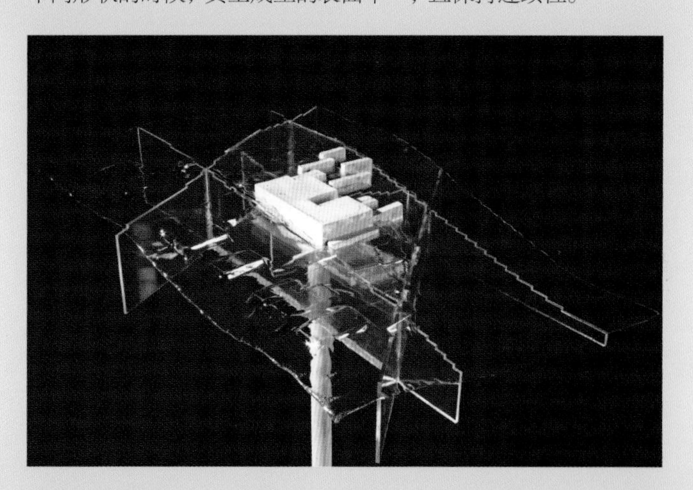

↑ 3D场地模型

该画廊场地模型是用 3D 地形参数将一块塑料泡沫经数控铣床加工而成。这个代表着场地的体块为真空成型提供了基础架构，真空成型将一片热塑料片覆盖在模型上进行压模。所得到的塑料片按尺寸进行裁剪并组装成场地模型。

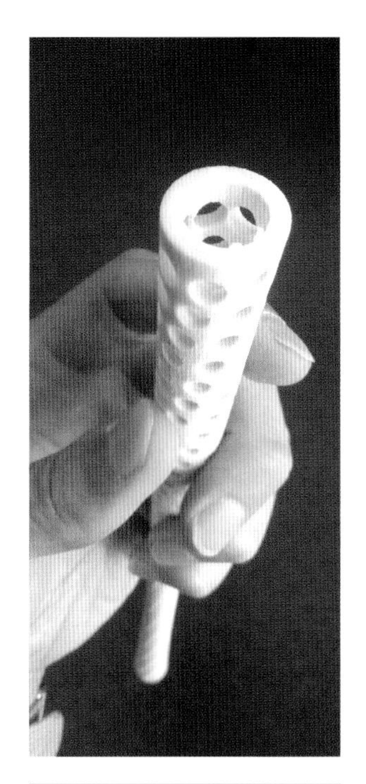

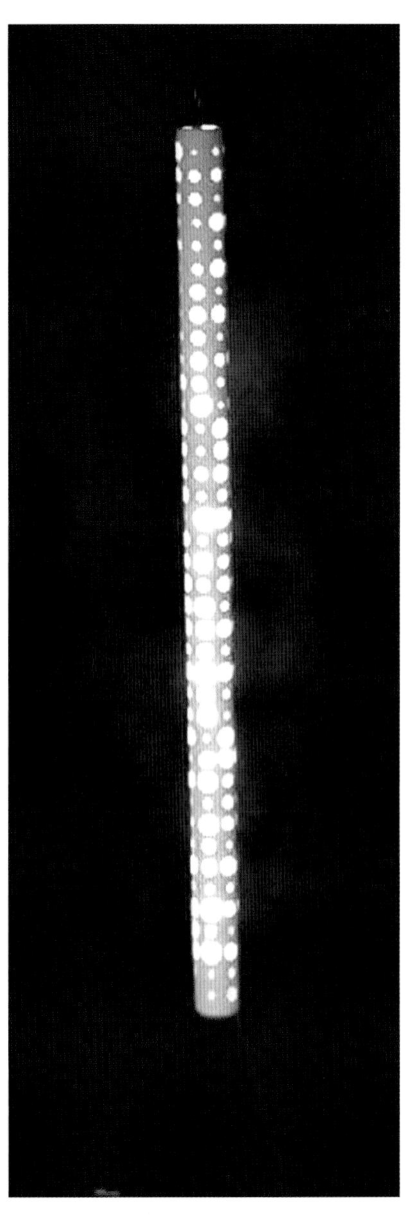

3.3D打印 ↑

将数字模型用 3D 打印技术打印出来，增加了对形式的触觉及实体的解读。

5.LED灯 ←

为了观察穿孔的不同直径、布局及密度的视觉效果，在管子中间安装一个 LED 灯条。照片显示的是完全处于黑暗中的透出光线的管子。

6.结构 ↓

用激光切割一定比例的椴木或亚克力的结构板，并用细的金属丝或木杆将其串接在一起。最终的结构不仅保留了原有设计的扭转和多孔，还将自身的构造充分地表现了出来。

4.构造 →

由于 3D 打印的模型基本上只处理外形，因此项目的下一阶段——引入材料质感及可实施性——就变得对完成一个全尺寸原型来说至关重要。确定采用某种结构框架的构造方法后，参数化 3D 模型得以升级，包括结构杆和结构板。

第7单元　谁是观众?

建筑师们试图通过表现手法将自己的理念及意图传递给各种观众。观众主要分为三大类型：学术型、专业型（包括建筑师及承包商）和非专业型（例如客户及公众）。每类观众需要不同类型的表现方式。

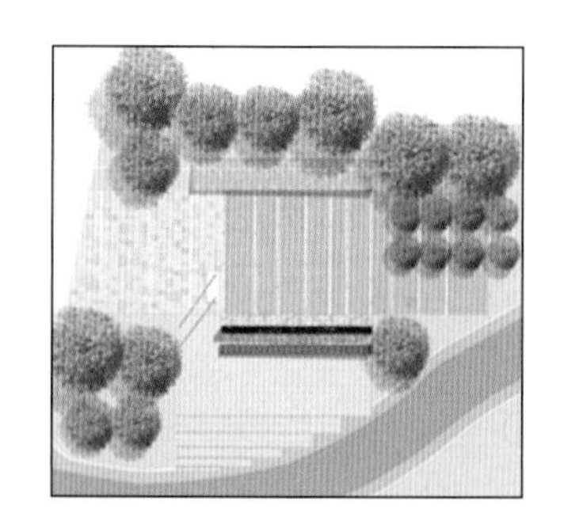

向建筑师及学生展示

建筑师理解表现的抽象本质，因此展示理念时可以全方位地使用各种表现手法——徒手的和尺规的、概念的和写实的，并运用所有的绘图技巧。此外，这些表现手法能够展现设计思考的过程。在学术界，设计过程经常被认为是展示环节中的重要组成部分。具有价值的不仅仅是设计本身，还包括在学校时通过批评及评估而达成的设计的全过程。要敢于创新、勇于冒险、别出心裁。

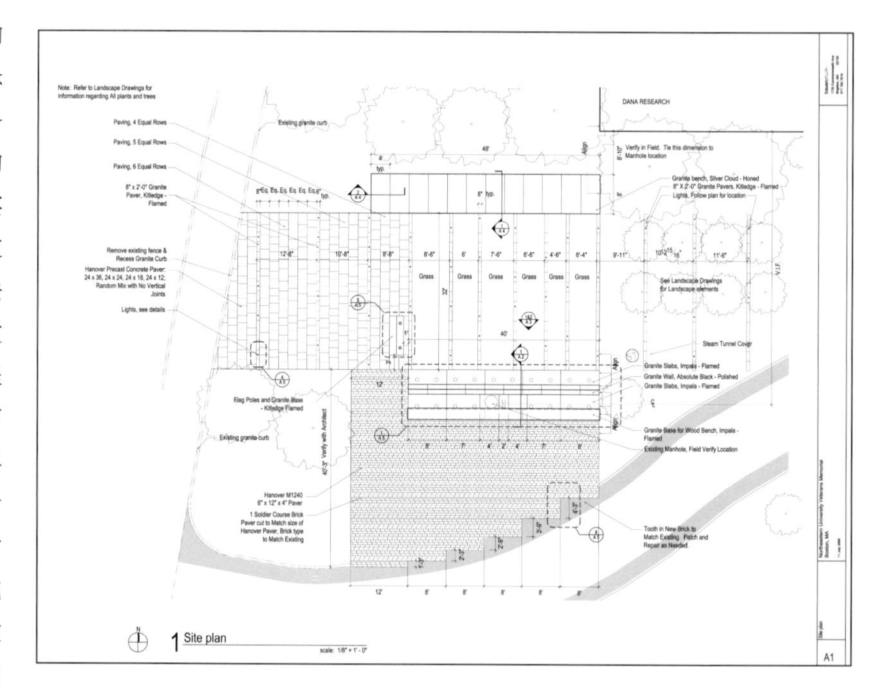

↑ 传递理念

这两张退伍军人纪念亭的平面图是为两种不同类型的观众制作的。经过渲染的平面图（上图）是展示给设计评审委员会的。该图展现了项目的材料质感。黑白平面图（下图）是施工图。该图详细描述了如何对该项目进行施工，包括所有建筑元素的准确数量、类型及定位。

规划委员会 / 社区组织

在社区组织越来越多地参与到大量公共和私人建筑设计的时代，建筑师能够与社区组织展开清晰、有效的沟通的能力是项目成功的关键。包括透视图、平面图及模型在内的各种表现手法，都是用来向客户及公众传达建筑构想的方式。

作为与社区交流沟通的角色，建筑师倾听他们的意见是非常重要的。公众一般希望了解项目是如何融入现有环境的，还想了解项目如何使他们的社区受益，例如通过改善景观、减少交通堵塞、增加无障碍设施及外立面处理等方式。

案例研究 2　设计阶段

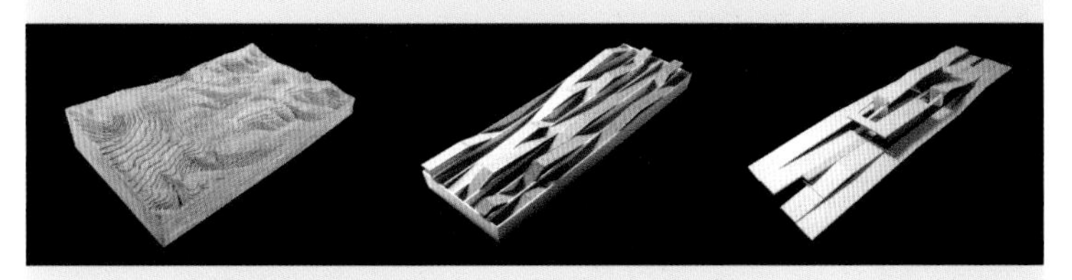

↑ 从景观到建筑

在托波住宅（Topo House）项目中，约翰森和施马林建筑事务所用模型将既有的景观转化到建筑形式中去。

建筑师

约翰森和施马林建筑事务所（Johnsen Schmaling Architects）。

建筑师的工作是一个推敲设计的过程，包括不断的修改与反思。在设计的不同阶段，建筑师为特定观众创造了许多表现手法。

1.设计前期阶段（pre-design）

在这一阶段，建筑师可以协助委托方通过用户走访调研的方式编制设计大纲及选址意见书。

探讨场地规划的问题，包括场地上允许容纳的最大建筑容量，以及可能存在的阻碍。

这个计划就是任务书，通常包括特定的房间类型及相关的建筑面积。

2.方案设计阶段（schematic design，SD）

（素描、研究模型、透视图）

建筑师们通过绘制建筑图及制作模型产生许多想法。有些方案工作会同时开展，既有大尺度的设计，如探讨邻近区域相关的建筑形式，也有小尺度的细节设计，例如材料的选择等。

3.扩展设计阶段（design development，DD）

（图纸、模型、透视图、实体模型）

建筑师更详细地描述项目。通常图纸的比例尺从 1 ∶ 192（1/16in 表示 1ft）或 1 ∶ 96（1/8in 表示 1ft）增加到 1 ∶ 24（1/2in 表示 1ft），以便涵盖更多信息。

4.施工图设计阶段（construction documents，CD）

（全尺寸实体模型、较大比例的细节呈现）

这些图纸为土建承包商提供设计说明。它们构成了设计项目的法律文件，因此需要在视觉表现上清晰易读。在这一阶段，图纸的比例及数量增加。

5.建造管理阶段（construction administration，CA）

在施工过程中，现场条件、建筑材料的可用性及成本问题可能导致需要对整套原始施工图纸做出修改。

1

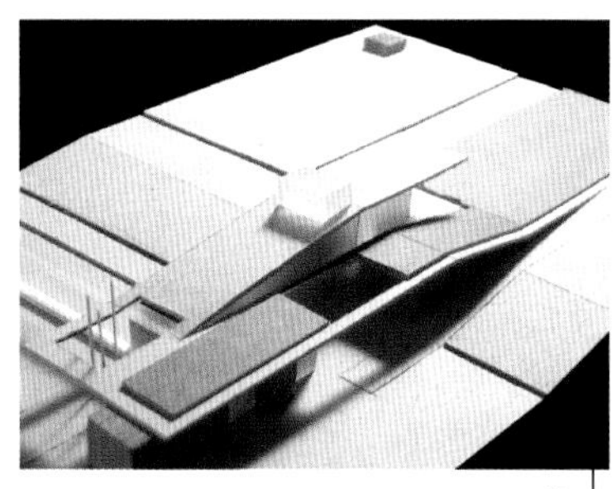

2

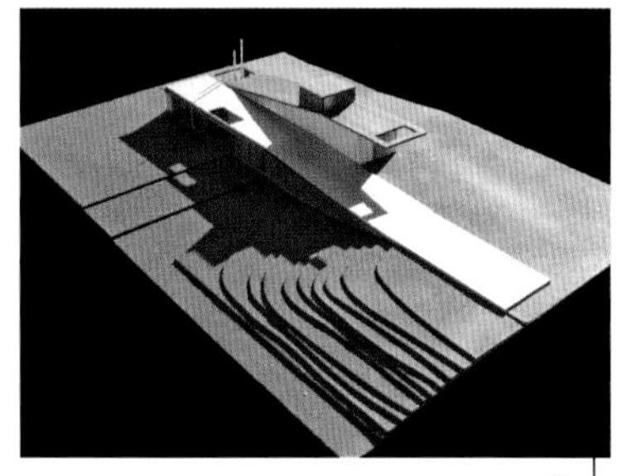

3

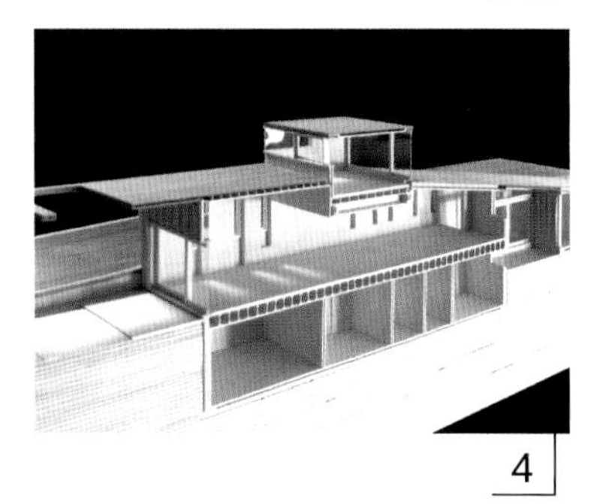

4

↑ 建筑阶段

托波住宅的这些模型是在建筑设计的不同阶段制作的。随着项目向施工推进，模型的复杂性和细节也随之增加。

第8单元　概念

用纯功能性的解决方案去应对设计问题，通常导致的结果是建筑物设计，而不是建筑设计。当产生了某些思路，即用可行的建筑设计方法去解决给定的问题时，除了要考虑文化、构造、美学及社会问题以外，还要考虑功能。

概念是一种生成工具，它是通向建筑设计之路的开放而灵活的基础。它能够凭借一个思路将项目的各部分组织起来。

获得一个概念有很多种方法，包括形式、构造、直觉、分析、讲述、比喻及场地意向，在此不一一列举。你可以从任何事物中获得建筑概念，例如，折叠的纸［雷姆・库哈斯（Rem Koolhaas）］或者一堆棍状糖果［蓝天组（Coop Himmelblau），解构主义建筑设计的代表］。即便只是小小尝试一下，也有许多形成概念的方法论。

分析提供了一种研究方法，能够成为产生概念性想法的平台。分析是对既有条件的研究，既有条件可能包括现场、环境、历史及计划。分析是从问题开始的。这个场地之前有过什么？人们是如何使用这个场地的？在一番彻底的调查之后，就可以对主题进行分级优先。

先例

设计不是凭空出现的。可以通过其他项目形成概念。要明白，概念并不是神圣的，可以从其他建筑师及建筑借鉴而来，然后转化成为自己的设计。从建筑中借鉴想法的关键在于将其转化，并使之成为自己的想法。向先例学习，将自己的设计敏锐度应用于自己已获得的知识上。

当你尝试得出概念的时候，身体力行地琢磨这个概念是非常有帮助的。例如，你可以将这个概念速写出来，或者用模型制作出来，或者画出来。很重要的一点是，有了想法并不等同于建筑设计，它只是为得到建筑设计提供了一个途径。

研究是设计过程的重要组成部分。它给你提供了一个知识库，在你对项目提出想法的时候，可以从中进行总结。研究可以包含许多可能的调研方法，包括调研建筑类型、场地历史，甚至是不同规划的类似规模的建筑。

阅读书目！

鲁道夫・阿恩海姆
（Rudolph Arnheim）
《视觉化思维》
（*Visual Thinking*）
加利福尼亚大学出版社
（University of California Press）
2004 年

安德里亚・西米特和瓦尔・沃克
（Andrea Simitch and Val Warke）
《建筑的语言》
（*The Language of Architecture*）
洛克波特出版社
（Rockport Publishers）
2014 年

想法概念化

想象一下，要求你设计一个铅笔筒却没有给出任何设计参数。这是将想法概念化的一个可行的方法。

- 研究铅笔（历史、形状、尺寸、标准化）。
- 考虑一下要装多少支铅笔。
- 分析先例——其他铅笔筒是什么形式的？这些例子解决了什么问题？
- 研究手——这是一个会与铅笔互动的元素。

↑ **记录思路**

记录思路是推敲设计过程中至关重要的部分。一边思考，一边画草图。画面一经记录下来，就可以再评估和修改。草图还可以与文字记录的思路相结合。

推敲过程

要把概念性的想法转化成建筑形式、建筑空间、细节及材料、动线及体验。设计的过程是推敲的过程。也就是说，它是一个随着时间的推移发生变化的反复的过程。每一次不断重复都建立在上一个教训的基础上。在确定项目的唯一面貌之前，推敲过程着重于在好几个选项之间进行探索。通过针对问题解决方法的推敲过程，想法创意经过了作图及理论的测试。在这个过程中的每个阶段，都要问问自己“为什么”——“为什么用那个形式？”“为什么创建那个空间？”“为什么选在那个地点？”

↓ 简化想法

概念性想法可以用任何种类的表现手法来展现。这些为学校设计的轴测图用加粗的边缘强化了集合空间的概念。

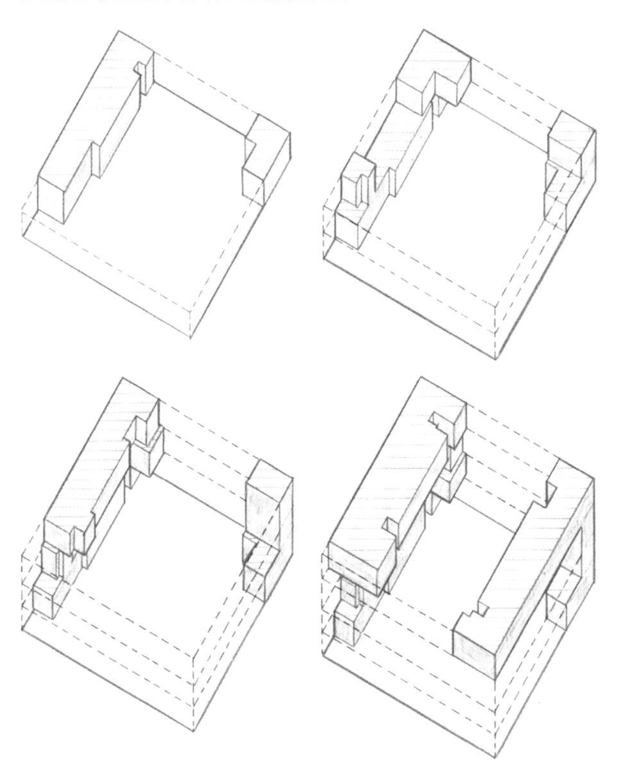

实现意图

- 制作许多东西。
- 评估及批评自己的作品。
- 做既大胆又精细的修改。
- 做减法（例如去掉多余的）。

→ 图解形式

在决定某个特定方向之前，制作了四个概念模型。下面两个模型展示出了项目设计的演进过程。

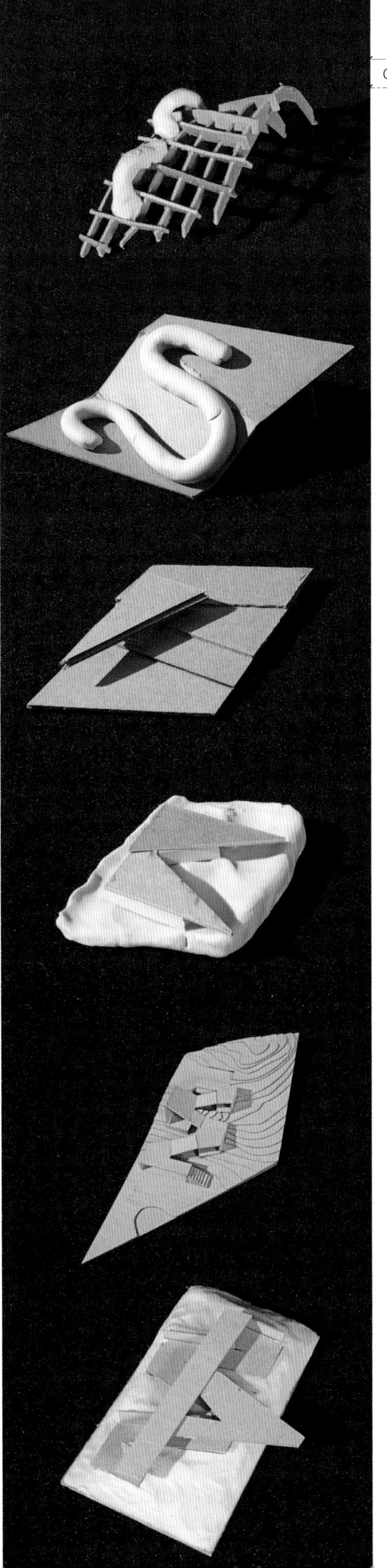

概念：论题

论题是提出的关于项目前期的陈述：项目是如何适应多学科背景，通过项目自身要实现什么推测结论。这种项目立意能够反映出计划、场地、政治、文化等因素。思考设计作品如何适应到现状项目环境当中，它如何提升技术、材料或空间，如何体现建筑的价值。论题包括对采纳的历史先例及理论进行研究，使之与新的建筑设计相联系。

建筑学当中的每个项目都可以围绕一个论题进行构建。设计师可以通过项目表明自己的立场，如准备展现出什么样的设计成果，以及回答哪些相关的设计问题。和概念相似，论题有助于构建通向设计成果的途径。

↓ 形式、空间和动线

这一系列的平面和剖面的图解描述了一个位于城区校园内的宿舍空间，包括设计中对形式、空间和动线的推敲研究。

↓ 加入自然元素 →

托波住宅的外表皮是对周围大草原上翻滚的野草的一种形式转化。一系列黑色鱼鳍状的电镀氧化铝板包裹着住宅。

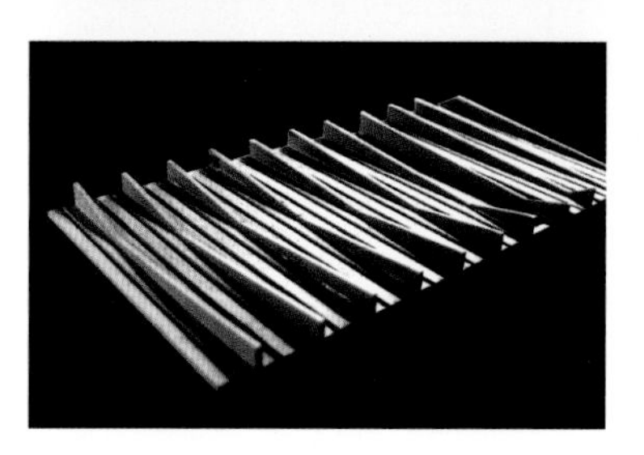

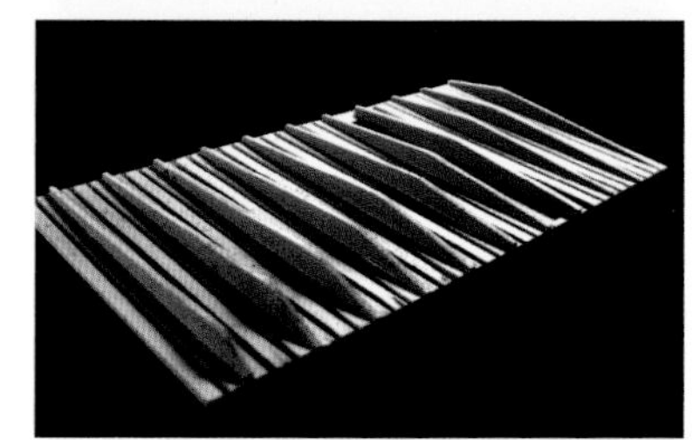

↑ **建筑变成土地**

在托波住宅的概念模型里，建筑从大地景观生长而来。建筑与场地之间没有隔阂。

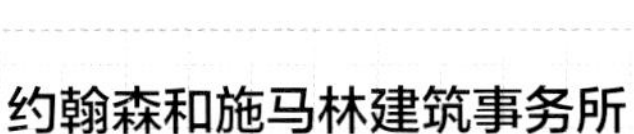

约翰森和施马林建筑事务所

（Johnsen Schmaling Architects）

约翰森和施马林建筑事务所［布莱恩·约翰森（Brian Johnsen），美国；塞巴斯蒂安·施马林（Sebastian Schmaling），德国］是一家国际知名的建筑事务所，其复杂精致的项目均以严谨的设计过程为基础。对理念的研究和对推敲过程的探索是他们工作的品质烙印。约翰森和施马林建筑事务所使用了许多建筑设计工具——手绘效果图、电脑效果图及大量的实物模型。每个模型的比例和尺寸都与关键问题相对应，如扶手细节或者建筑表皮的建造逻辑。熟练运用建模使得他们能够深入研究连通、层次及平面各部分的相互影响，精准地运用软件中丰富的工具，完成空间复杂的建筑。

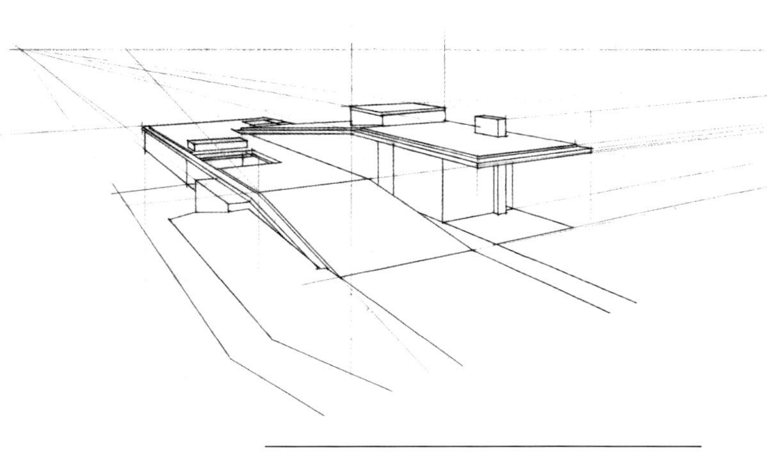

↑ **深化理念**

作为表现手法的补充，类似这样渲染的结构透视图强化了托波住宅与场地景观相结合的概念性想法。

← **景观变化** ↓

在托波住宅中，从外形和平面图中都能看出景观的变化。

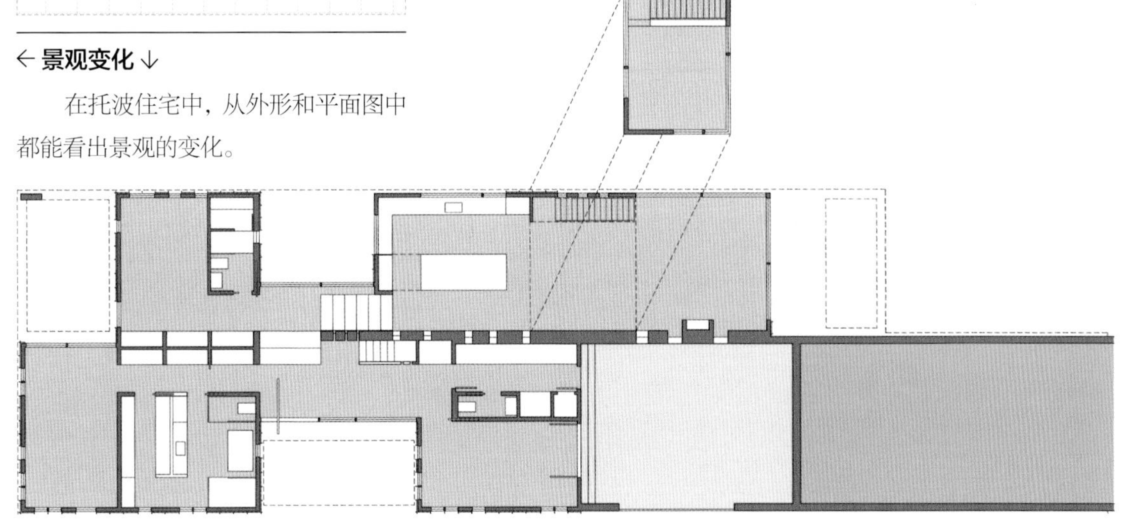

第9单元　成功所需的工具

一些基本工具及技巧对制作高品质的图纸及模型来说是非常重要的。与其他本领一样，技术能力需要通过练习及实践来获得。随着经验的丰富，第一次画图纸及第一次制作模型时所遇到的困难也会随之消失。

纸和本

螺旋装订的硬皮素描本: 8.5in×11in（21.6cm×27.9cm）和 5in×8in（12.7cm×20.3cm）各一本。随身携带素描本，把素描本当成记录日常观察及建筑构思的“日记本”。

大号打孔的可再用素描本： 9in×12in(22.9cm×30.5cm)。画图本是草图作业的理想之选,展示时可以将纸张从本子上拿掉。

新闻纸素描本： 18in×24in（45.7cm×61.0cm）。新闻纸素描本是速写的理想之选。纸张的质量不适合图纸的保存。这种本子不适合用炭笔。

大号绘图本： 18in×24in(45.7cm×61.0cm)，100号纸。大号绘图本适合人体素描和静物写生。把这个本子夹在画板上，就可以带到室外去写生。纸张比新闻纸更耐用。这种本子适合用炭笔和铅笔。

牛皮纸（纸卷或纸张）： 24in（61.0cm）的纸卷，20lb（$60g/m^2$）。牛皮纸是一种半透明材料，相对容易擦写，是一种耐用的、可以用来制作展示图纸的材料。

米色、黄色或白色描图纸（纸卷）： 12 ~ 18in（30.5 ~ 45.7cm）宽。描图纸适合素描及套图。叠加在其他图纸上做修改或变更想法。

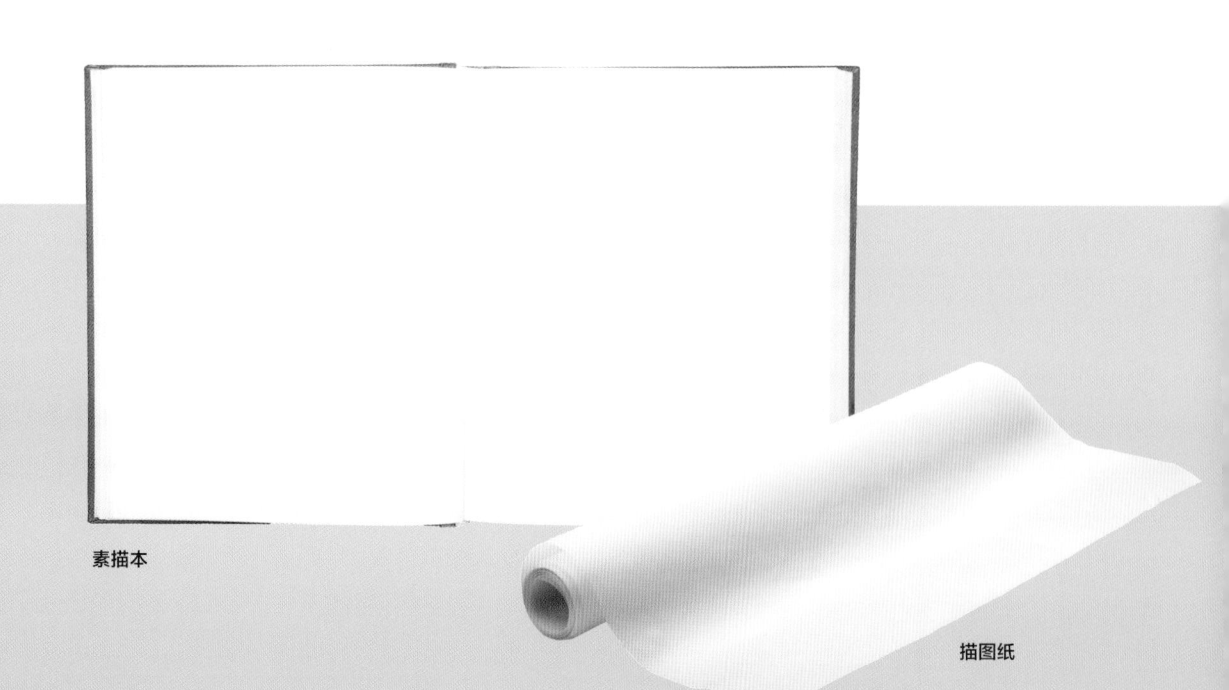

素描本

描图纸

徒手作图所需的工具

大盒子：用于携带及存放工具。

铅笔刀：有木屑收纳盒。

炭条

白炭笔

喷雾定画液：用于保护炭笔画。

可塑橡皮：用可塑橡皮轻拍线条，使线条变淡或变细。

白橡皮

铅笔：

硬的：2H、H。

中等：HB。

软的：B、2B、4B、6B。

画素描的理想铅笔硬度是 HB 到 6B。较软的铅芯能让你画出各种类型、各种粗细的线条。你要熟悉、建立笔触感，形成自己风格的线条表现力。

彩色铅笔：先从原色开始，然后再试验其他颜色。

白炭笔

可塑橡皮

白橡皮

摇臂灯

彩色铅笔

尺规作图所需的工具

摇臂灯：创作好看的图纸和模型，光线是很重要的。用工作照明给你的桌面增加光线。

绘图板：最小尺寸为 32in × 48in（81.3cm × 121.9cm）。空芯板或者其他表面光滑的便携板。

你的绘图板一定要结实、光滑，没有裂纹或凹陷。面积大的板子适用于各种尺寸的图纸，而质量轻的板子更适合携带。

绘图板和覆盖物：用一种能够自我修复的乙烯基薄膜覆盖并保护绘图板，也适合在上面作画。不要直接在木头上或其他硬质表面上作画。

双面胶：用双面胶把图稿粘到绘图板上。

尺规作图所需的工具（续）

以下型号的铅笔各一盒：4H、2H、H、F、HB、B。绘图的铅是H系列的，颜色深一些的铅是HB和B。铅越硬，线条越精确清晰。

自动铅笔：拥有多支自动铅笔可以让你同时画出不同粗细线条而无需更换铅芯。

笔芯研磨器：用笔芯研磨器削尖笔芯。削尖时，往外拉一些，用离心力在研磨器内旋转笔芯。

擦图片（有小槽孔）：擦掉短线条，或者某个区域内的特定线条，同时保持其他线条完好。

图钉或胶带：用图钉或胶带把图纸贴到板子上。这些粘贴材料不会在纸上留下痕迹。

草图刷：草图刷可以避免弄脏图纸。用这个工具来代替手或者袖子。一定要保证手上油脂尽可能少地粘到图纸表面。

平行尺：42in（106.7cm）长，底边有滚轮。用平行尺构建硬线图纸。永远都不要用它作为切割的辅助工具，要保护好、保存好它。每次来到画板前，都要确认尺子处于一条水平线上。你可以把平行尺推到板子的底边来验证一下。

记号笔：用记号笔给你的工具做上标记。

18in（45.7cm）30°/60°/90°、14in（35.6cm）45°、10in（25.4cm）可调节三角板：用它们绘制轴测图及透视图。

三棱比例尺：用比例尺测量图纸、标记尺寸。

铝制或塑料大头钉：展示或参考时，可以用大头钉固定要展示的作品或参考图。

三角板

记号笔

圆规

美工刀

金属直尺

切割垫

制作模型所需工具

刀片夹：用刀片夹切割大部分制作模型的材料。较厚的材料需要多切几刀，或者用美工刀。

刀片（100 片）：大量采购刀片，因为需要经常更换。

美工刀：用大号的刀，切割距离更长。切入像泡沫这种厚的物体表面时，用长刀片会更容易一些，选择长度可调节至 4in（10.2cm）的。当用大号刀具切割时，先在材料上轻轻地划出痕迹。总之，目的就是用较小的力道，多划几刀。常换刀片。

白乳胶：白乳胶风干后很干净，黏着力很强。少量使用，保持模型外观整洁。

亚克力胶：用于粘接亚克力材料。

切割垫：18in×24in（45.7cm×60.1cm）及 8in×10in（20.3cm×25.4cm）。切割垫的设计就在于切割后的"自愈"。它能保护桌面和画板，并延长刀片的使用寿命。拥有多个不同尺寸的切割垫是很实用的。

36in（91.4cm）金属边木背长尺：木背金属边让工具在切割的过程中起到防滑的作用。

6in（15.2cm）金属直尺：金属直尺非常适合测量及切割较小的模型。还可以用任何直角边的物体，比如金属三角板。塑料三角板及平行尺的边缘容易有划痕，不应用作切割工具。

镊子：在制作模型的过程中，用镊子来辅助你将小块的物体连接起来。

砂纸（中号）：用砂纸清理木头表面的边缘。砂磨块有助于维护木头的 90° 角。你可以将砂纸包在一个直角边木头废料的外面，做一个砂磨块。轻微打磨可以去除铅笔印记并减少两块木头之间的接缝。过多的打磨则可以将模型的边缘变圆滑。你还可以打磨亚克力来改变透明度。为了减少亚克力表面的划痕量，可以在双面均进行打磨。

可选工具

- 文件夹和 / 或画筒
- 曲线板
- 三角板
  4 ~ 6 in（10.2 ~ 15.2cm）长及 16 ~ 20 in（40.6 ~ 50.8cm）长，30° /60° /90° 及 45°
- 三角工程比例尺
- 计算器
- 剪刀
- 电动橡皮擦
- 圆模板
- 椭圆模板
- 卷尺
  25ft（7.6m）或更长
- 石墨棒
  6B 或更软的
- 钳子及夹子：
  装订夹、小夹子、橡皮筋
- 辅锯箱和锯
- 蜡纸
- 切割机
- 热熔胶枪
- 图钉
- 数码相机

设备保养

为了保养好设备，应在每次使用后妥善保存并清洁干净。将工具平放在水平表面。

第 2 章

学习观察：草图

LEARNING TO SEE: SKETCHING

绘制草图是快速、随意地记录创意想法的一种方式。学习绘制草图就像是学习以一种新的方式去观察。它是在纸上进行视觉化思考的一种方法，可以是根据观察绘制的，也可以是凭空想象的。这种快速、随意的方式并不意味着草图是草率的或是没有信息价值的。恰恰相反，建筑师将草图视为抽离、回顾及记录创意想法的一种表现手法。草图通常是记录设计理念的首选表现手法。

就像画画一样，绘制草图可以强化设计意图。草图可以通过单个线条的流动性或者精心编排的线条组合中的律动，来加强建筑的叙事性。与建筑技巧一样，只要假以时日，绘制草图也是可以学习、精进并精通的技能。

本章将阐述观察及记录你周围的创意和视觉数据的不同方式。你可以通过练习，提高自己快速、高效、准确捕捉创意的能力。

第10单元　草图类型

草图是将现有的视觉信息或构思转译到一个二维平面上的过程。艺术家们及建筑师们根据不同的目的使用不同类型的草图。技术和介质都是影响制作草图的因素。

观察性草图

观察性草图是记录环境最常见的方法之一。首要原则就是画出你所看到的，而不是你知道的或者你以为自己看到的。草图是看见并理解了，而不只是看而已。不要让你对环境或熟悉的事物的知识影响了你的观察能力，这样才能更容易地将现有信息转译到纸面上。

绘制观察性草图的第二条原则就是让草图为你所用。也就是说，观察性草图可以是探索性的，而不仅仅是记录性的。作为艺术家，要决定剪辑什么，或者强调什么。

总而言之，绘制与生活相关的内容是很复杂的。你要通过绘制建成环境的草图给出明确性和发自内心的自我表达。绘制每份草图之前，都要先确立一个目的。仔细考虑好你想从哪个角度捕捉景观。问问自己，想让草图叙述什么，也就是说，你想要表达什么样的故事。

轮廓草图

轮廓草图是一种单一线条图，重点突出物体形态或人物的外形轮廓。画图时，应注意外形的边缘及用于勾勒出边缘的线条质量。在该草图种类中，虽然不涉及色调的表达，但是通过线条粗细深浅的变换，能表达出物体的体量。在石墨画中，线条可以加重、加快、变细，然后再变粗。每一处改变，都能通过单一的线条将物体用圆形、锋利的折角、纵深（详见 17 页伊姆斯的草图）及粗细微妙地表示出来。

盲绘

盲绘是观察性草图的一种，艺术家对物体或空间进行捕捉，却无需注意准确性。这种绘图通过手眼协作在纸上进行绘画，且在绘图的过程中，无需眼睛看着手。手试着越过大脑去更“准确”地绘画，而不受眼睛观察的制约。这种绘制草图的方法允许你将注意力都放在你所看到的内容上，并帮助你发挥并加强手的控制力。有时候盲绘比远距离的观察性草图能够更好地捕捉到景观的要点。经常练习还能提高直觉式空间协调能力。

作业 4　树脂玻璃草图

第 1 部分：用一张透明的亚克力板，大小约为 10in×14in（25.4cm×35.6cm），用较为舒适的姿势将其拿到距面部 16 ~ 24in（40.6 ~ 61.0cm）远的位置。将亚克力板对准一处复杂场景，不要正对某物。闭上一只眼睛，用一支可擦改的记号笔将你所看到的如实勾勒出来。

这项作业通过勾描来提高你绘制透视图的准确性，同时也提升你画出所见而不是所知的事物的能力。该作业中的结构性元素帮助你在绘制草图的时候更有自信。

第 2 部分：站在同一位置，用素描本代替亚克力板画出同样的场景。

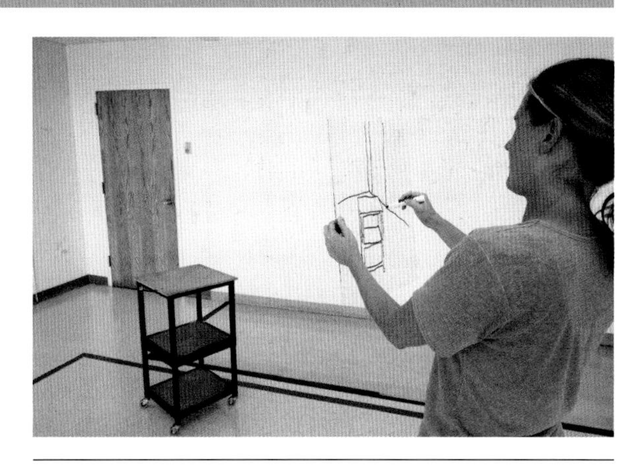

设计草图

设计草图让你在纸面上进行思考，并画出并不存在的事物。它们可以用于任何形式的表现。设计草图可以是文字、照片及其他图像素材的混合。你的设计在纸上绘制出来之前是并不存在的，因此，学习如何用草图记录你的构思是非常重要的。经常绘制既有物体的草图可以锻炼自己虚拟绘图的能力。

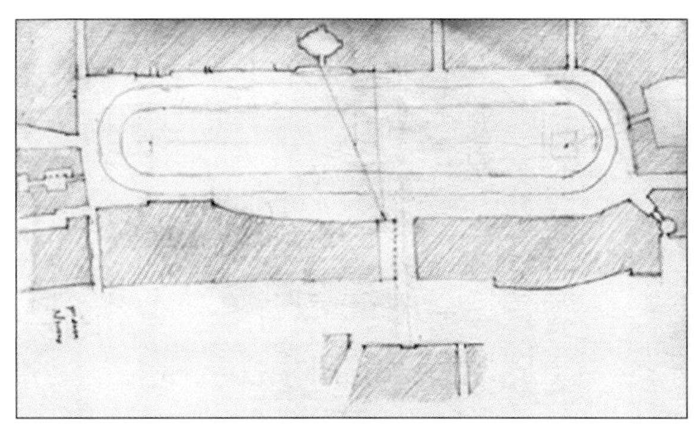

↑ 分析草图

分析草图的画面感相对较弱。分析草图无需写实地表现你所看到的空间和物体，它在本质上更为抽象、简约。这种类型的草图能够以新的方式呈现项目或既有条件，使其更易理解。分析草图对一个物体或构思的重要组成部分及相互关系进行评估，并以视觉的方式将其记录下来。

动态草图

动态草图是捕捉一个场景的基本体量及运动的速写，是对一个景观的最初反应。通常用一系列的动态线条，在 30s 内绘制而成。它将物体的核心本质即“骨架”表现出来，而不纠结于细节（详见 43 页西扎的草图）。

↑ 光和影

这幅法国圣米歇尔山修道院地下墓室内草图，利用黑色铅笔绘制的线条密度来区分光和影。

第11单元　绘图技巧

线条是所有草图的基本构成要素。线条的数量及质量决定了草图的种类及其所使用的技巧。介质类型不同，线条也会发生变化，以相似样式表达的一系列线条可以构成色调。

色调突出的是创造出物体的表面而不是其轮廓或边缘。色调草图绘制出物体及空间的明暗。当开始绘制色调草图时，要将注意力放在初始布局中的主要构成元素上，然后再将细节添加到画面当中。你可以使用多种绘图技巧来创造色调，包括排线、随意涂画、点刻法及明暗法。

阅读书目！

路易斯·康
（Louis I. Kahn）
《素描的价值与目的》
（*The Value and Aim of Sketching*）
文章、演讲及采访
1931 年

保罗·拉索
（Paul Laseau）
《手绘表达：入门》
（*Freehand Sketching: An Introduction*）
W. W. 诺顿公司
（W. W. Norton and Company）
纽约，2004 年

← 排线

排线由一系列同方向的斜线构成。交叉排线由一系列两个方向的斜线构成。

↑ 明暗法

在休·费里斯（Hugh Ferriss）的这个示例中，明暗法突出的是色调空间部分，而不是制造单一的线条。通过色调的变换实现纵深的表达。该技巧是典型的与炭笔、色粉笔及松散石墨等绘画介质联合，迅速地构造出大的表面积。

→ 随意涂画

随意涂画是用无数个随机的圆形线条进行叠加，打造出色调。其重点不是为了突出某条曲线或线条，而是所有线条的一致性创造的色调。

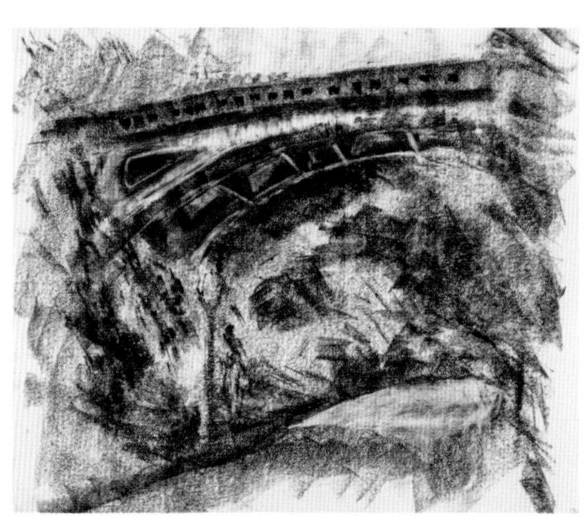

作业 5 实现色调变化

在一张纸上，构造三个 2in×8in（5.1cm×20.3cm）的长方形格子，渐变区为 1in（2.5cm）。在每个格子里练习使用不同的素描方法。从左向右，依次将各个格子标注为“点刻法”“明暗法”及“随意涂画”。

为了达到色调的一致性，应构建多个层次来改变色调，而不是用手的压力去涂抹。以点刻法为例，在这个竖直格子的上 1/8 处，在纸面上画少量的点。在整个格子中，从上至下地以同样的密度画满点。从顶端开始重复上述练习，但是跳过前 1/8 的部分。从顶端开始再次重复上述练习，这一次跳过前两个 1/8。继续下去，直至将该练习重复八次。在竖直格子的八个分区里，你能看到通过层叠技巧，能够实现各种各样的色调变换。目的就是实现从一个色调范围到另一个色调范围的自然过渡。

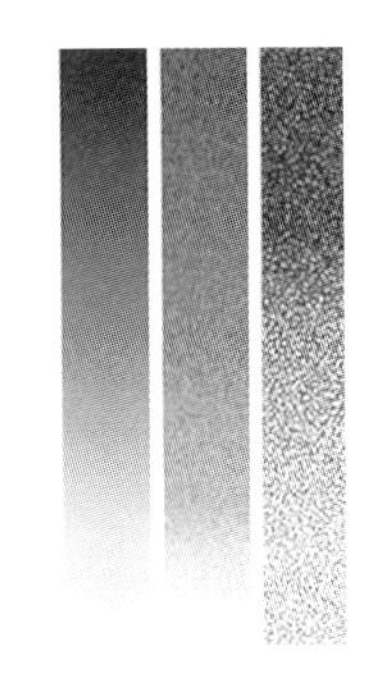

点刻法、明暗法及随意涂画为素描及渲染实现色调的变换。

构图

- 前景及后景能够营造观察者及物体之间的转换。
- 页面中的白色部分与绘制的黑色线条同等重要。不要害怕在页面上有大片的留白。
- 理解外形和空间之间的关系。仔细思考光线、体积、重量、阴影、边缘及空间的影响。
- 仔细思考图与纸张的尺度，这决定了必须体现及可能体现的信息量。
- 仔细思考草图在纸面上的位置。所要绘制的画面的尺度决定了草图在纸面上的位置及纸张方向。纸张方向能加强草图的意图表现。

路易斯·康

路易斯·康（爱沙尼亚 / 美国，1901—1974 年）是 20 世纪最著名的建筑师及建筑学教育家之一。对于他来说，建筑学是对材料和光线相互作用的处理，没有光线，建筑就不复存在。他的旅行素描不仅描绘了他所观察的建筑，更重要的是描绘出了建筑物与光线之间的相互作用。身为一个敏锐的观察者，他也因自己的至理名言而广为人知。

↑ **体量及光线**

路易斯·康的旅行素描记录了诸如锡耶纳市镇广场的古代意大利建筑。旅行素描中对体量、几何学及光线的欣赏启发了他后来的建筑设计。

↑ **捕捉空间**

通过突出线条，阿尔瓦罗·西扎（Alvaro Siza）的旅行素描清晰地表达了建筑物的体量及其空间关系。

“观察的能力来自于持续不断地分析我们对所见到的事物的反应，以及它们对于我们的重要性。你看得越多，你能看到的也就越多。”

——路易斯·康

第12单元　素描介质

介质既指素描工具（例如炭笔、铅笔、墨水），也指将素描绘制其上的材料。两者都能加强素描的意图，应在开始绘制之前就考虑如何选择。

介质的选择包括石墨、墨水、水性颜料、炭笔、孔特粉蜡笔、色粉笔及彩色铅笔。时间、地点、意图及受众决定了使用哪种介质，以及最适合采用哪种技巧。每种介质都能提供多种效果。

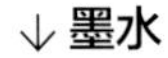

↓ 墨水

墨水是一种永久性的、不可涂改的材料，其线条的粗细深浅具有一致性。色调变换可以通过笔的粗细、线条叠加、线条的样式及密度来实现，而不需要通过手施加的力的变化。

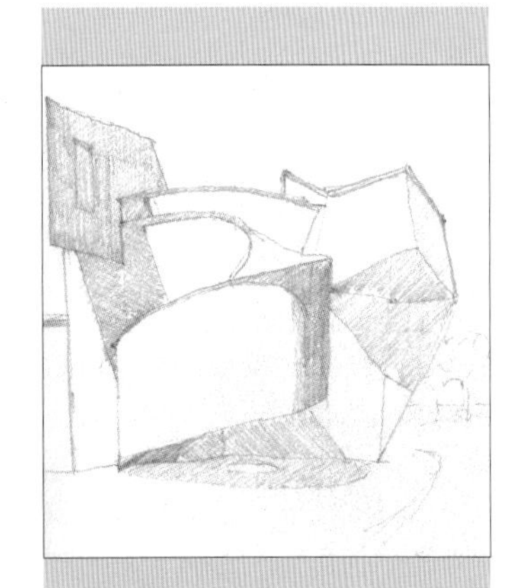

↑ 石墨

石墨容易控制绘画痕迹，而且易于擦除修改。通常用软铅笔绘制素描（从 HB 到 6B），因为它们能够根据手施加的压力及笔头的角度，灵活地在纸面上创造出各式各样的痕迹。在二维平面上利用明暗法、交叉排线、线条及色调技巧，能够轻而易举地用软铅笔构造出纵深效果。

↓ 水性颜料

水性颜料包括水彩、水粉和水墨。水彩是一种水性颜料，使用时像薄涂层一样。它非常有助于展示透明度、色调变化及上色，但是很难准确。此外，水彩的位置也很难控制。水彩可以创造由浅到深的变化。水粉是一种可以涂抹覆盖的不透明的颜料。水墨是由稀释的墨水制成的。竹子和毛笔都能用来画线及涂色。

↑孔特粉蜡笔

孔特粉蜡笔是用压缩成条状方形的粉笔制成的。它与炭笔类似，一般比较硬，但画出的线条更柔和。孔特粉蜡笔是在粗糙纸面上画图的理想工具。使用孔特粉蜡笔的扁平表面可以画出粗细不同的线条，从而形成色调。和炭笔不同，孔特粉蜡笔不能被弄脏。

画标记

- 绘制几条细线，勾勒出物体或空间的整体结构，先画整体，再画局部。
- 仔细考虑好第一条标记线的位置。第一条线所在的位置决定了尺度和比例，因此要在纸面上设计草图。
- 密切注意各个元素的面积和比例。
- 用铅笔在视图中画出物体的基准线（建立垂直或水平关系）。用作图线帮助确定物体各部分之间的关系。
- 丰富草图中的层次。
- 完善细节。
- 在绘制草图的过程中，不要因任何一条线后悔。在草图上看似不正确的地方重画，这是学习过程的一部分。从亮部入手，逐渐加深。
- 这是一个将你所看到的或者想到的转译到纸面上的剪辑过程。这可以让你在决定取舍的同时，为画面形成一个明确的计划。
- 草图不仅可以形成你的个人风格，还可以加深对于何时选用何种介质及纸张才能将你的构思呈现得最好的理解。你的绘画介质及类型应该反映出你的设计本质及建筑意图。

↑ **转译数据**

为了构建准确的面积、比例及距离，用铅笔将大致的维度及角度转译到纸面上。

↑ **炭笔**

炭笔是一种实用、灵活，能画出各种线条及色调的材料。它是描绘光照在表面上的戏剧性效果，以及为空间及材料增加质感的理想之选。其“脏脏的”特质将艺术家们从害怕画错的恐惧中解脱出来。

特纳·布鲁克斯（Turner Brooks）绘制的位于美国康涅狄格州沃特福德市的尤金·奥尼尔剧院的素描（上方右图）中，对建筑物投射出的光线的高对比度的描绘使其看上去像从天空中修建出来的。这些炭笔画（上方左图及中图）记录了既有现场，而特纳·布鲁克斯的炭笔画则是表达动态的推测性设计。

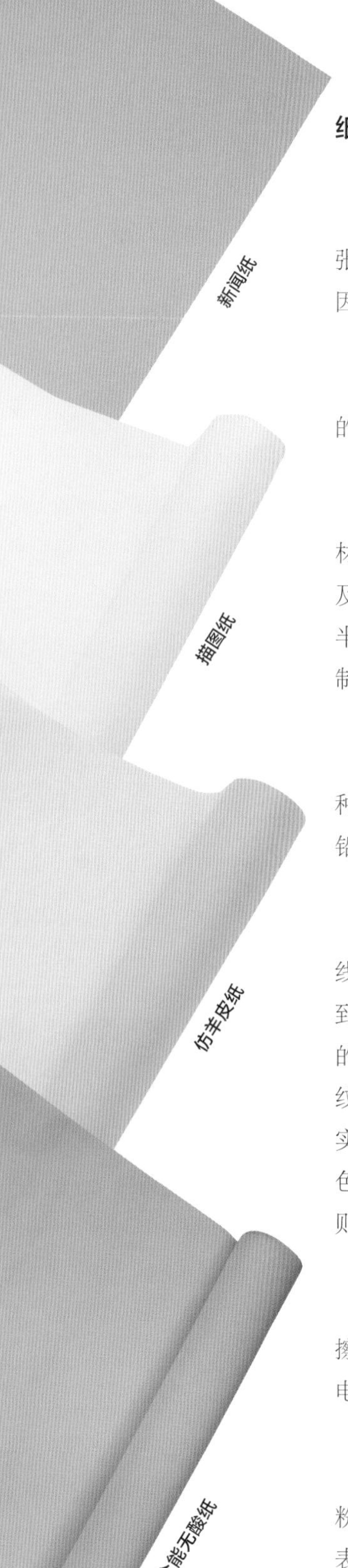

纸张和衬垫

新闻纸：薄而不贵的带有天然灰色调的纸张，是练习素描的理想之选。但由于其易撕破，因此较难在这种纸上绘图。没有凹凸纹理。

描图纸：描图纸是一种用于覆盖在草图上的透明纸张。

仿羊皮纸：适合与石墨搭配使用的半透明材料。这种纸有不同的重量规格。线条、渲染及明暗色调都可以在仿羊皮纸上进行绘制。其半透明的特质，是叠加在另一张图纸上分层绘制的理想之选。

100 号全能无酸纸：例如斯特拉思莫尔牌这种无酸纸是一种较厚的白纸，是用炭笔、墨水及铅笔绘制素描的理想之选。它比新闻纸更耐用。

阿诗牌水彩纸：一种法国水彩纸，更适合画线和上色调。该纸张重量规格从 90lb（185g/m^2）到 140lb（300g/m^2）不等。“热压纸”是一种光滑的、凹凸纹理较少的纸张，“冷压纸”是粗糙的、纹理较重的纸张。该纸张是档案用纸，非常结实。粗糙的凹凸纹理可以将孔特粉蜡笔、炭笔及色粉笔的笔迹很好地保留下来，而光滑的纸面则更适合石墨。

聚酯薄膜：一种能吸收墨水的透明薄膜。擦掉聚酯薄膜上的墨水痕迹相对容易一些，用电动橡皮擦再加上一点点水分即可。

牛皮纸：光滑的棕色纸张。非常适合与色粉笔及炭笔搭配，提供了非常好的非白色绘画表面。白色铅笔及彩色铅笔可以在这种平面上使用。

作业 6 静物素描

用椅子、凳子及其他小型物体组合，创作一幅静态写生。按照这些物品的非常规定向进行定位布置，这可以帮助你减轻对物品的熟悉感或先入为主的概念。用不同的方式观察物品：当作固体、空间定义者、平面或空隙。你要重新审视熟悉的物品。把素描当作讲述物品故事的一种方式。

用不同的介质和技巧进行实验，找出对你来说最有表现力的方式。仔细思考布局及构图问题（如何在纸上画这个物体）。

摘要

用本章所讲述的各种技巧和介质构造一个系列的 8 幅定时素描。

- 2 轮 30s 盲绘
- 30s 素描
- 1min 素描
- 5min 素描
- 10min 素描
- 30min 线描（用到排线、随意涂画、点刻法）
- 1h 色调素描（用炭笔、孔特粉蜡笔或者色粉笔）

用其他的介质重新绘制相同的构图。

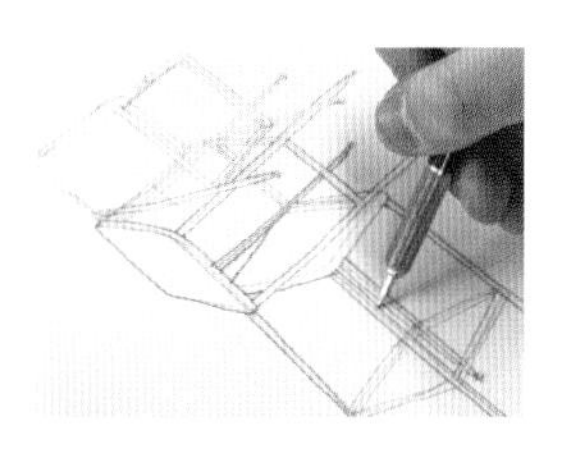

1 先用一个30s盲绘让你的手眼控制协调起来。在规定时间内在纸面上绘出整个物品。细节并不重要。注意每个物品对照自身和其他物品的比例和相对尺度。

2 另起一幅新画，主要刻画物品之间的空间，而非物品本身。这可以让你避免被透视法缩短的元素干扰，专注于比例和尺度。

3 用参考线来核准素描中各个元素的位置。对于每幅定时素描，你的目标都是在页面上呈现完整的画面。你的绘画技巧会随着时间的增加而逐渐变化。

4 回到画面添加细节、色调，或者对线形、面积或各元素的比例做出调整。完善画面。不要过早地强化某一个区域。

斯蒂文 · 霍尔

斯蒂文•霍尔（Steven Holl，美国，生于1947年）于1978年创办了一本名为《建筑手册》（*Pamphlet Architectures*）的评论期刊。这些小册子成了建筑师们传播建筑理论的主要途径。霍尔平衡理论作品和建成作品，用科学、技术及艺术之间的关联来探索并检验构思。他所设计的重要的文化建筑遍布欧洲及北美洲。霍尔对光线是如何进入建筑并与之相互作用进行了深入研究，他的作品因此具有典型特色。他通过水彩素描研究了这些关系。

→ 研究型水彩素描

斯蒂文•霍尔的这幅西雅图的圣依纳爵教堂的素描，表达了他的关于七个发光的瓶子进入建筑并赋予建筑活力的概念。水彩的透明性、重叠性及色彩方面的特质，让他巧妙地研究了光和形态之间的相互影响。

第13单元　画线条

线条是能够表示形态、纵深、材质或亮度的人造品。

线条是由其长度、宽度或浓度定义的在一个表面上的连续痕迹。线条的浓淡可能因不同的介质而产生变化。善于掌控线条对所有素描介质均有帮助。线条如果刻画得好，就能勾勒出锋利的边角或柔和的轮廓。

“线条并不存在于自然之中，线条是人类的发明，因而，实际上线条是所有绘画的根本……线条的发明一定有其原因。是的，它引领我们大胆进入到无形之中，引领我们认知形态、维度和内在意义。”

——乔治·格罗兹（George Grosz，画家，1893—1959 年）

← 线条变化

在一幅素描中，线条可以变化多端。如伦勃朗（Rembrandt）的素描作品所示，线条深浅的变化能够表现出形态的变化。

↓ 墨线粗细

墨水画出的线条比石墨线条的一致性更强。线条类型的变换通过钢笔粗细来实现，而不是通过手施加的压力。钢笔的不锈钢笔尖及墨水流出速度恒定。因此，线条全长保持着线形的一致性。

墨线粗细有：0.13mm、0.18mm、0.25mm、0.30mm、0.35mm、0.50mm、0.70mm、1.0mm、1.4mm 及 2mm。墨水画出的线条和数字软件中使用的线条相似。与石墨画相同，手边要有一定量的浅、中、深的绘图工具。

铅笔线条粗细

通过铅笔类工具的压力、浓淡及角度的不同，线条可以呈现出不同的纹理、形状及形态。个体的手部压力会对铅笔线条产生影响，因此也确定了笔芯等级的选择。笔芯等级从 H 到 B（从硬到软），全系列扩展至 9H 到 9B。笔芯越硬，线条颜色也就越浅、越干净、越细。

作业7 排线练习

排线练习可以让你评估自己的手压并提高画直线的精确度。绘画时，发挥恰到好处的手眼协调能力非常重要。在画长直线时，要让整个胳膊都动起来。这样可以让你稳定地横跨纸面移动手中的笔。在你横跨纸面移动的过程当中，在手指间转动笔杆来维持笔尖的一致性。

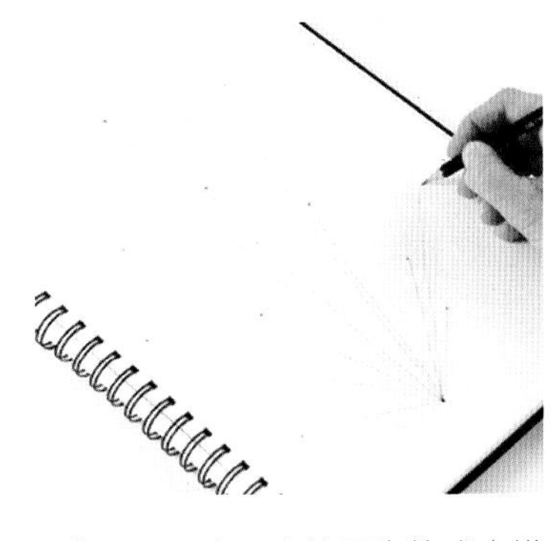

1a 用大开本的写生簿或素描本，在整个页面上随机点10个点。连线不要超过三个点。徒手画一条线连接两个点。眼睛提前看向线段结束的位置。努力画成直线且粗细均匀。

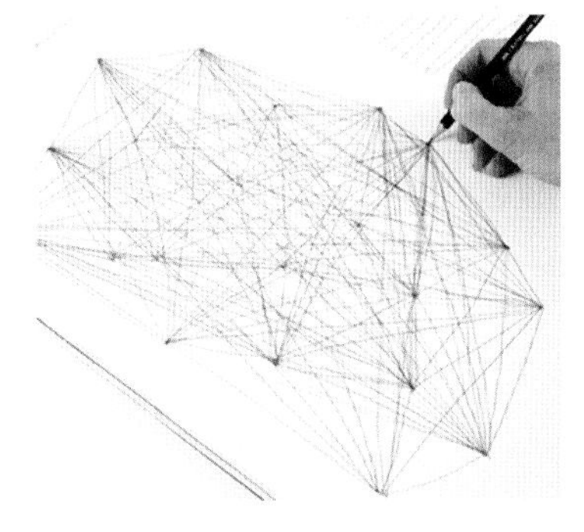

1b 把每个点都与其他的点相连。用HB素描铅笔。画线中途不要抬笔，也不要暂停。用整条胳膊绘画——从手指到肩膀都要参与其中。

2a 另起一张纸，画一系列水平线，保持各条线相互平行且间距0.5in（1.25cm）。每条线都连续地从纸面的一端画到另一端。每五条线变换一下你的手压。

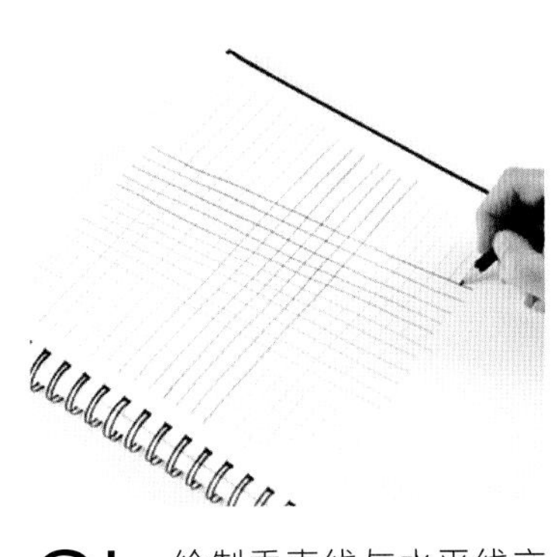

2b 绘制垂直线与水平线交叉，形成网格。尝试不同的笔芯硬度，自动铅笔和素描铅笔都要尝试。此外，用一个装有HB铅芯的自动铅笔画5条线，再加大用力画5条，然后减少用力画5条。接下来，用HB铅笔用同样的方法画出常规的5条线，然后画5条加大用力的，画5条减少用力的。

3a 另起一张纸，小心地按页面宽度画出水平线。页面上部1/4部分，保持1in（2.5cm）的线间距。第二个1/4部分，保持0.5in（1.25cm）的线间距。第三个1/4部分则保持0.25in（0.6cm）的线间距。最后，底部1/4的部分应保持0.125in（0.3cm）的线间距。

3b 重复同样的练习，画出垂直线。

第14单元　选择物体

随身带着一个素描本，可以利用每一个机会练习素描。为了练习质量，要用各种技巧画不同物体的素描。

每天素描可以提高你的绘画及观察能力。可画的东西有很多，你不用费尽周折去寻找灵感。一栋建筑、一个房间、一件家具，甚至是人，都是广泛的素描素材。实用的工具也是可以用于素描练习的唾手可得的绘画对象。甚至是简单的日常生活工具，比如剪刀或者订书器，都是很好的绘画素材。在选择绘画的物体或空间时，要选择在形态上具有一定物理变化或视觉变化的。对于工具来说，这意味着该物体能够根据其机械结构改变形状。对于房间或建筑来说，这可能意味着要确保有足够的可画信息。

用不同的介质及素描技巧反复练习同一物体或空间的素描。改变光线及视角，可以提供更宽的研究领域。在选择物体时，需要注意的其他方面的特质有：

- 多元化
- 组合线
- 几何变形
- 反射率
- 透明度
- 不规则表面
- 由外形造成的阴影

建筑

选择一栋具有规则几何形状、序列重复且非曲线外形的建筑。

物体

选择一个能够在较长时间内引起你兴趣的物体。你所选择的这个物体应便携且实用。

空间

找一处开放的、界限分明的空间进行素描。也就是说，该处空间周围的建筑物清晰地界定了该处空间的形状。可以是一间大的房间、一个广场或庭院，也可以是两栋建筑之间的小巷。

← 特写

一把小刀的特写视图（详见作业8，右图）。

阅读书目！

伯纳德·切特
（Bernard Chaet）
《绘图艺术》
（*The Art of Drawing*）
沃兹沃思出版社
（Wadsworth Publishing）
1983年

道格拉斯·库珀和雷蒙德·马尔
（Douglas Cooper and Raymond Mall）
《绘图与感知》
（*Drawing and Perceiving*）
范·诺斯特兰德·莱因霍尔德出版公司
（Van Nostrand Reinhold）
2007年

诺曼·克罗和保罗·拉索
（Norman Crowe and Paul Laseau）
《建筑师与设计师的视觉笔记》
（*Visual Notes for Architects and Designers*）
约翰威立出版公司
（John Wiley & Sons）
2011年

贝蒂·爱德华
（Betty Edwards）
《用右脑绘画》
（*Drawing on the Right Side of the Brain*）
塔彻珀丽吉出版社
（Tarcher Perigee）
2012年

余人道
（Rendow Yee）
《建筑绘图》（第三章）
[*Architectural Drawing*（*Chapter 3*）]
约翰威立出版公司
（John Wiley & Sons）
2012年

作业 8 给小物件画素描

→ 阴影及形态

侧重物体（此处以小刀为例）的形状和形态来完成一系列的素描。改变点刻的密度形成外形和阴影。在其他素描中，使用阴影表现工具落在平面上。透明草图显示出内部形态及结构。

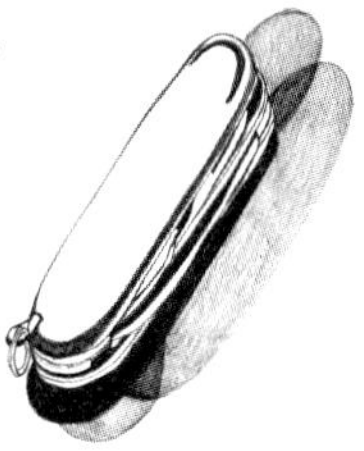

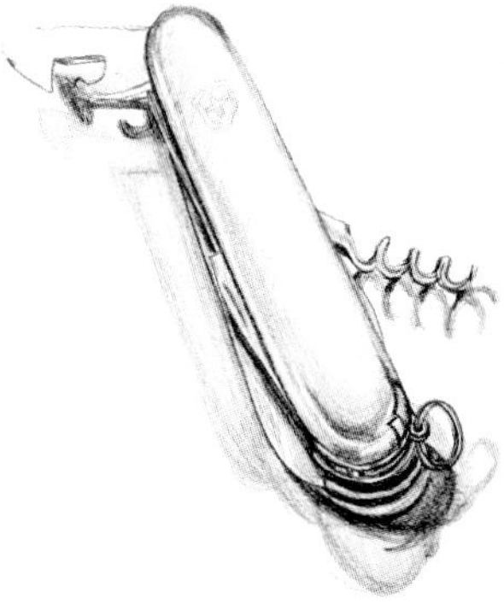

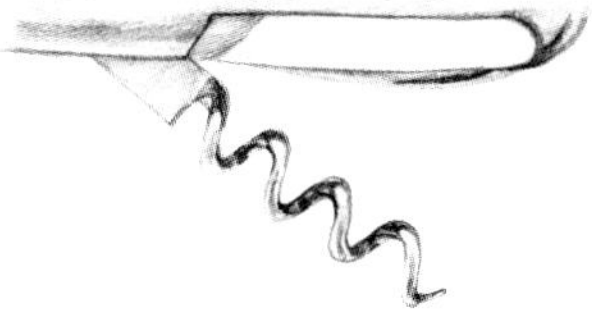

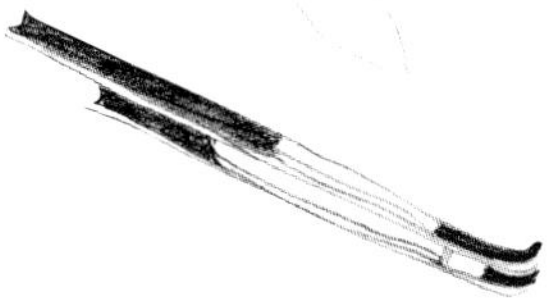

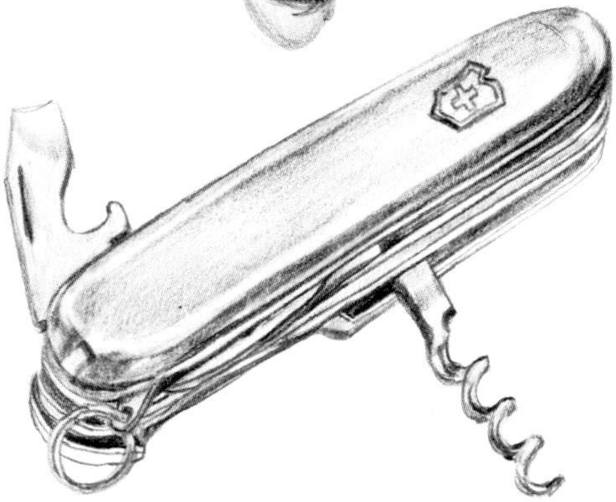

← 快速研究

完成一系列试验素描。用不同的绘图类型及绘图技巧表达各种比例、视角、构图及环境。要仔细“观察”。要特别注意物体的比例及各个相关元素的相对尺度。

第15单元　人体素描

在建立局部与整体的关系时，绘制裸体人像是练习记录比例和尺度的一个重要手段。在绘制人体素描的时候，会注意到重力、结构、平衡及形态。

画人体

地点和方法：

- 美术馆、美术院校或建筑学院，以及经常开设人体画课程的社区大学。
- 人体素描不一定是裸体的。可以请朋友为你当模特，或者去一个公共场所。
- 画公共场所中的雕像。

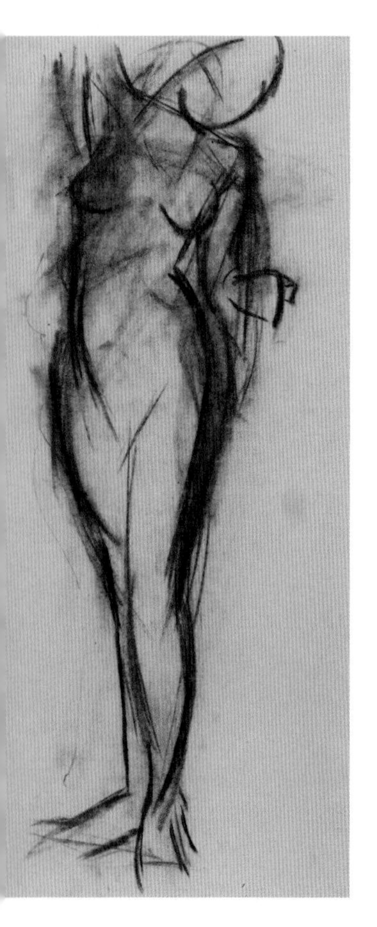

↑ **人体轮廓**

艺术家玛丽·休斯（Mary Hughes）的这幅人体表现作品利用了线条浓淡的变化来呈现身体形态的曲线。

身体虽然没有锋利的棱角，但是轮廓线也还是用一条线来刻画。

绘制裸体人像的一个技巧就是想象一条在各个元素之间建立关系的垂直线——铅垂线。想象一条贯穿人物鼻子中央到身体底端某点的垂直线。这条线在哪里结束？它对准的是脚跟、脚趾，还是一处空白？用一支铅笔来模拟铅垂线，建立这些垂直及水平关系。闭上一只眼睛减少三维干扰。建立人体各部位之间的直接关系，并尽力用铅笔减少前缩透视或者纵深的影响。将这些关系转译到纸面上。找到人体的重量。用较粗的线条突出重量。

在所有的观察性草图中，将你所看到的画出来，而不是你认为你看到的。人体是我们非常熟悉的对象，但是你要找出各部位之间的空间，而不是这些部位本身。观察形态的轮廓，而不是形成轮廓的身体部位。将注意力集中在绘制正空间上——人体形成的形状，甚至是负空间上——主体之外的空间。当比例或形态出现错误时，你立刻就能看出来。

在页面上画出整个人体。画满纸面，也就是说，别在纸面上画得太小。将这些画当作可以在现有线条上直接重画进行修改的习作。

↓ **抽象人体**

快速绘画，这些抽象的人体注重身体的结构及形态的本质。

↑ **动态**

透视图中的人体可以辅助设定空间比例。在这幅炭笔画中，人体呈现出了动态及活动。

作业 9 图片资料夹练习

找一个19世纪建筑师绘制的草图范本［可以考虑亨利·哈柏森·理查森（Henry Hobson Richardson）、卡尔·弗里德里希·申克尔（Karl Friedrich Schinkel）、路易斯·沙利文（Louis Sullivan）、弗兰克·弗内斯（Frank Furness）、亨利·拉布鲁斯特（Henri Labrouste）、约翰·索恩爵士（Sir John Soane）及查尔斯·伦尼·马金托什（Charles Rennie Mackintosh）］，再找一位20世纪或21世纪的运用类似绘图技巧的建筑师。这可以是类似的绘图介质、类似的图纸类型，或是类似的视角。注意时代之间的关系，以及表现手法和表现技巧。当代的素描和19世纪的素描相比发生了哪些变化？研究每幅作品的绘画技巧、绘画介质及画面的尺寸（如有信息）。将这些素描保存在你的图片资料夹里。

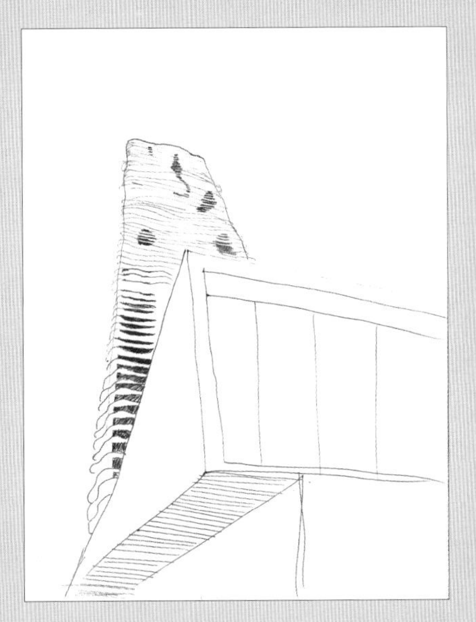

← **透视视角** ↑

Gang建筑事务所的两幅芝加哥水塔透视图均运用了较低的视点加强建筑的垂直感。

← **纸张选择**

在彩色纸张上进行绘画可以让你尝试多种不同的素描技巧。可以在深色纸张上使用白铅笔。纸张的颜色可以融入到人物画里。

一般来说，头和脚是最难掌握恰当比例的身体部位。练习画头和脚，可以让你在今后的绘画作品中抓住恰当的尺度和比例。

第 3 章

正投影图

ORTHOGRAPHIC PROJECTION

平面图、剖面图和立面图，也就是所说的正投影图，是建筑学中基础的表现手法。它们是在一个平面上的平行投影，当组合在一起的时候，可以将一个三维对象以一系列单一视图的方式呈现在一个二维平面上。

正投影是抽象的图，其表现对象的方式与我们实际看到的不同。由于正投影缺少三维感知的特点，因此没有我们在实际生活中看到的前缩透视或者变形。

正投影的方法及构建能够强化设计构思。因此，了解用于绘制这些类型的图纸的基本结构方法是非常重要的。一个简单物体或建筑的各种正投影图能够进一步促进设计构思。例如，可以在平面图中研究功能和动线，而楼梯、两层高的空间及窗户可以在剖面图中研究。

学习正投影，可以让设计师与各种类型的受众进行交流，无论是施工方、客户、社区，还是其他建筑师。

由于很难将一个项目在单幅图纸中呈现出来,因此表达更全面的视图时，需要利用多张图纸或一套正投影图。

本章通过阿尔布雷特·丢勒（Albrecht Dürer）的作品来介绍正投影的基础技能。此外，还会讨论绘图技巧及线条宽度。

第16单元　平面图、剖面图和立面图

二维正投影图的组合可以描绘一个三维物体的空间。正投影（90°）图有三种：平面图、剖面图和立面图。

创建平面图、剖面图或立面图时，要将物体的信息平铺或投影到对应的画面上。

正投影图是对空间在水平方向或垂直方向上的切割。切割面既可直接穿过物体，也可在物体外部。正投影图不是透视图，最好想象为你能直接看见物体的每个组成部分，从而忽略物体的透视感。任何被切割的物体，均用颜色最深的线条在视图中进行渲染（透明材料的物体是唯一的例外情况）。

平面图

平面图是对物体、建筑或空间的整体水平切割，通常为俯视图。将切面想象为一个与地平面平行、与建筑或物体相交的平面。

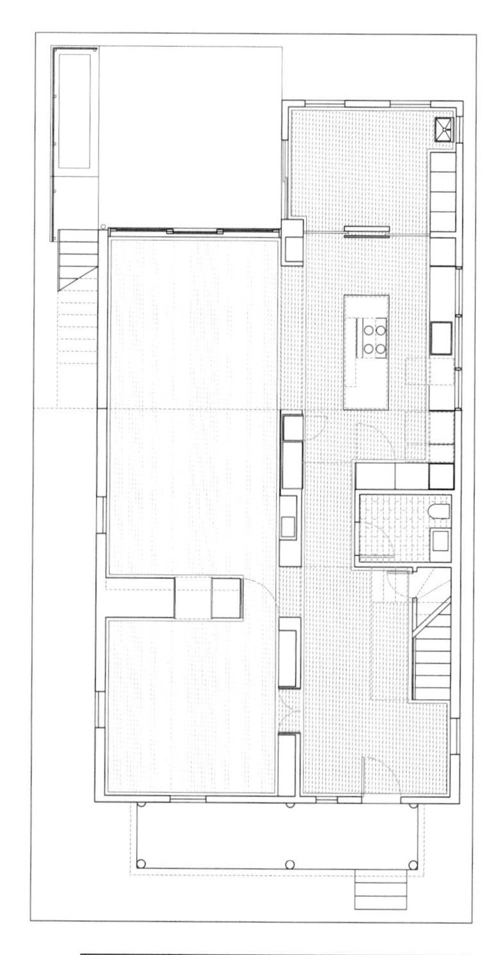

↑ **楼层平面图**

楼层平面图是表达建筑空间的一种方式。通常是一个高于地面 4ft(1.2m) 水平方向的建筑剖切面。剖切面高度是约定俗成的，包含门窗。其他未被剖切的元素，例如柜台、半墙等，则用俯视图表示，以此明晰空间。比例尺通常为 1 ：96（1/8in 表示 1ft）、1 ：64（3/16in 表示 1ft）、1 ：48（1/4in 表示 1ft）和 1 ：32（3/8in 表示 1ft）。

↓ **屋顶平面图**

屋顶平面图是一个在建筑群上方直接俯视屋顶的水平剖切面。屋顶平面图中通常画出阴影，来表现建筑相对于其周围空间的高度和体量。比例尺为 1 ：192（1/16in 表示 1ft）或更小。

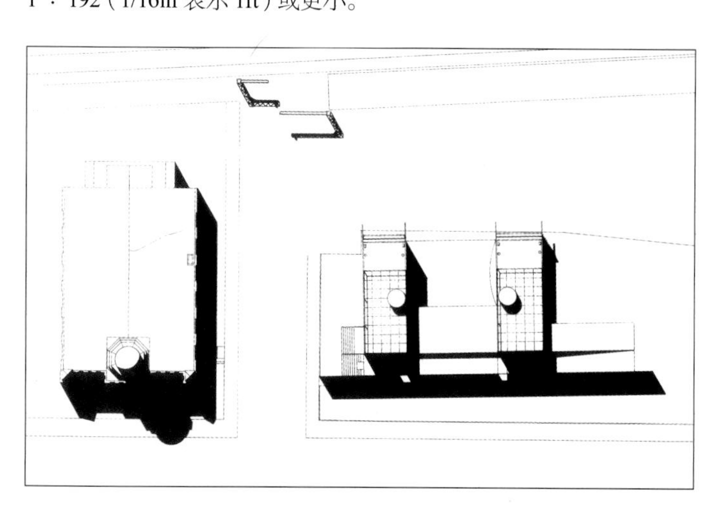

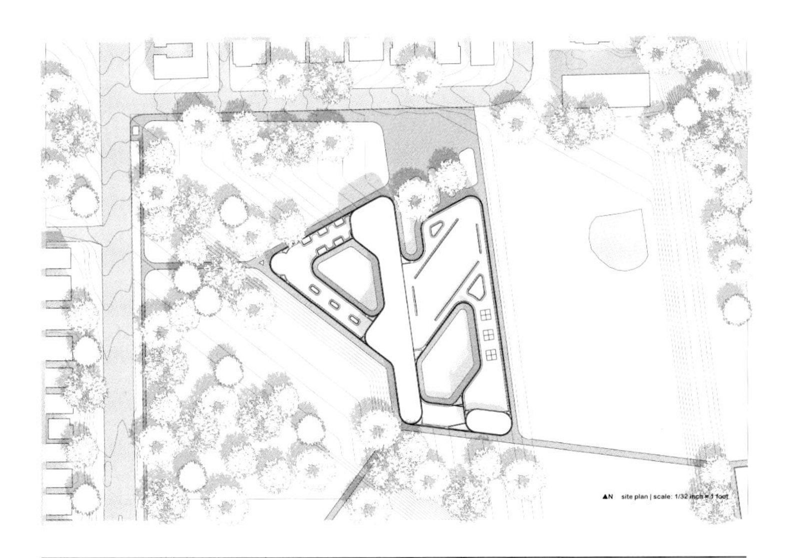

↑ **总平面图**

总平面图通常包含屋顶平面图，但也体现了很多周围的环境。一般包含树木、景观元素及地形线。有时候，总平面图还包含一楼平面图来表现内外部空间的关系。总平面图绘制的比例尺通常比建筑图纸的比例尺更大，以便在一张页面上显示出更多信息。比例尺可以包括1：768（1/64in 表示 1ft）或更大的建筑比例尺，或者 1：250、1：500 的工程比例尺。

↑ **图底关系平面图**

图底关系平面图通常是对整个社区、行政区或城市的描绘。建筑师及城市设计师用它来考量构建模式。它是对建筑及空间的抽象。通常，建筑物用黑色填充表示（涂成黑色的立体切割元素），非建筑物或空间则为白色。这些地图能为分析及模式研究提供很大的帮助。

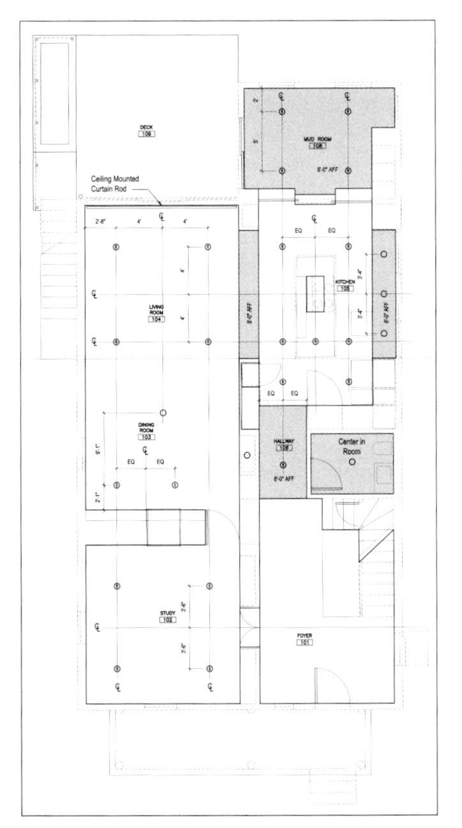

← **天花板平面图**

天花板平面图（reflected ceiling plan，RCP）是一个水平方向的切面，描述了空间中的天花板，就像从其上方看到的那样。通常用于表示吊顶龙骨及灯位，或者天花板表面的材料分布。该图表示的就是左侧楼层平面图的天花板平面图。

阅读书目！

保罗·刘易斯，马克·鹤卷，大卫·J. 刘易斯
（Paul Lewis, Marc Tsurumaki, David J. Lewis）
《剖面手册》
（*Manual of Section*）
普林斯顿建筑出版社
（Princeton Architectural Press）
2016 年

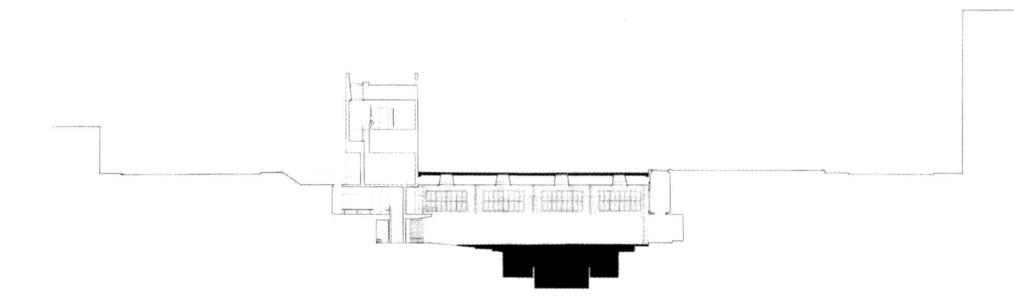

↑ **剖面图**

剖面图是一个物体、建筑或空间在垂直方向上的剖切面。剖面图描述的是垂直关系，并且帮助确定建筑的空间特征。剖面图中的尺寸数字说明了各个空间内的高度关系。将剖切面想象为一个与地平面垂直的，贯穿建筑物或物体的平面。

↑ **建筑剖面图** →

建筑剖面图描述了内部空间，但也可以延伸到室外，涵盖相邻建筑的环境轮廓。比例尺为：1∶96(1/8in 表示 1ft)、1∶64(3/16in 表示 1ft)、1∶24(1/2in 表示 1ft) 和 1∶32(3/8in 表示 1ft)。在剖面图中加入人物或建筑环境，可以明晰空间的比例。

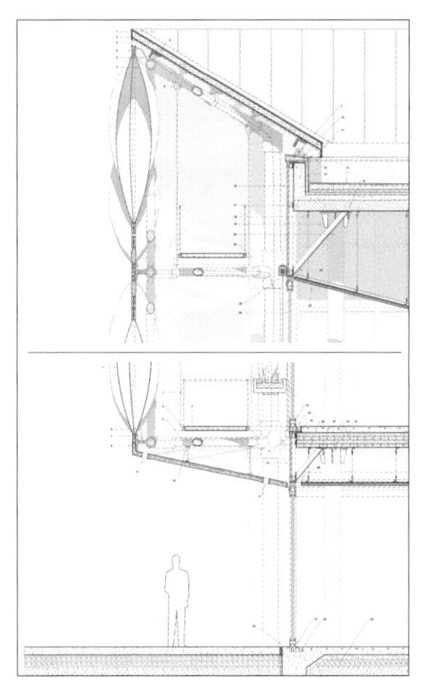

↑ **墙身剖面图**

一栋建筑的墙身剖面图描述了详细的结构体系及选择的材料。比例尺为：1∶48（1/4in 表示 1ft）、1∶32（3/8in 表示 1ft）和 1∶16（3/4in 表示 1ft）或者能充满页面的最大比例。

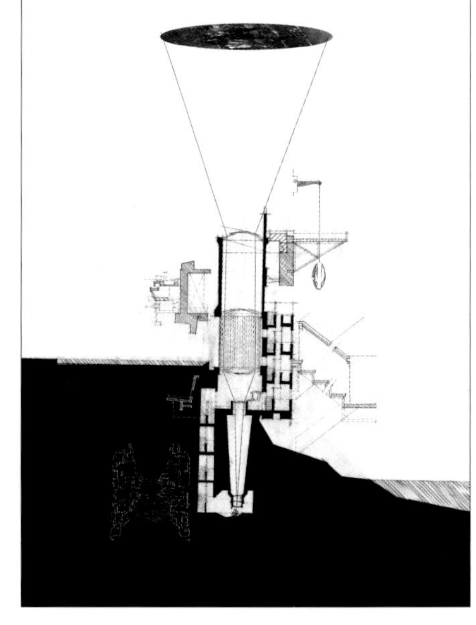

↑ **填充**

该剖面图描述了隐藏在地下的部分。填充（切割部分渲染成黑色）加强了剖切的深重感。

↓ **街道剖面图**

街道剖面图描述的是被剖切的建筑与街道空间及周围建筑物之间的空间关系。比例尺为 1∶192（1/16in 表示 1ft）或更大。

→ **摄影辅助**

该拼贴图将现场照片及建筑立面图结合在一起，强调了建筑与斜坡的平行关系。

立面图

立面图是在外部朝向物体的垂直剖面图。剖切面是一个垂直于地面的平面，不切割建筑物和物体。通常，地面是唯一一个渲染成剖切线的元素。与建筑相关的所有线条均渲染成颜色较浅的看线。这些线条根据与投影平面的距离而变化。距离较远的元素比距离较近的元素颜色浅。比例尺为：1 ∶ 192（1/16in 表示 1ft）、1 ∶ 96（1/8in 表示 1ft）和 1 ∶ 48（1/4in 表示 1ft）。

剖切面的连续性

由于建筑剖面图是无法区分不同建筑材料的，因此剖面图中所有被剖切的部分都彼此相连，唯一例外的是：被剖切物为玻璃及其他透明或半透明的材料。作为被剖切的元素，玻璃绝对不会被画成深色。如果将其填充为黑色，则被视为与其透明本质相矛盾的实心墙体。反之，即便其被剖切，也会在剖面图中进行填充。

施工剖面图与建筑剖面图不同。施工剖面图要描述用于构建墙壁、天花板及地板的整体建筑体系，以及施工方所需的材料信息。

↓ **建筑立面**

建筑立面是从外部看到的，一个建筑物的外立面给人留下的印象。该立面图探索了新建建筑物与既有城市天际线之间的关系。

有许多绘制正投影图，并在平面图和剖面图中将剖切元素与非剖切元素区分开的技巧，包括线条宽度、墙体的填充技巧及渲染技巧。线条宽度可以用于区分该线条是否被切割。

“Poché”一词源自法语单词“pocher”，意为“画一幅粗略的素描”。通常被理解为建筑中被切割的渲染成纯黑色块的元素。在徒手绘制正投影图时，这个方法比用恰当宽度的线条绘制更耗费时间。

渲染内部空间也是用以区分被切割区域空白部分的一种方法。

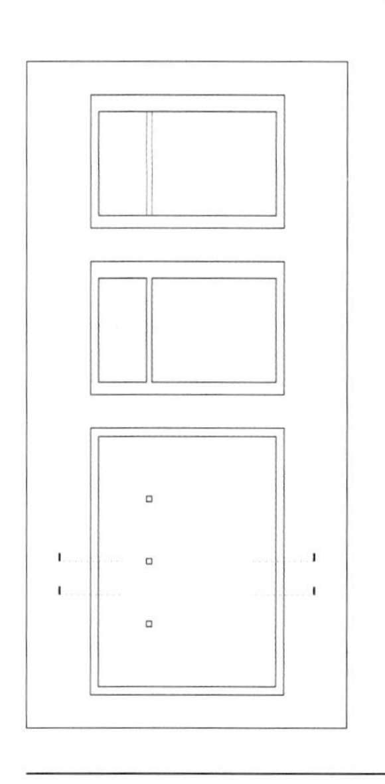

↑ **柱剖切面**

剖面图的剖切面贯穿柱子（正中位置）时，会让人误以为由一堵墙分割成两个独立空间。剖面图始终要在柱子前面进行剖切（绝不要从柱子中穿过），并且用立面图的线条宽度勾勒柱子轮廓。

创建剖面图

选择绘制剖面图的方法可以反复推敲设计意图及设计易读性。剖面图线条应始终选用颜色最深的线宽。

地面作为剖面图的一部分

将地平线延伸至纸张的边缘，将页面的空白部分纳入剖面图中。

剖面图基座

用一个剖面图框将页面空白部分与剖面图空白部分区分开来。空白框区的大小强调了设计意图——是该深一点？还是该浅一点？这个框区让剖面图变得更完整，使之具有物体化的形式。

填充剖面图

该剖面图剖切部分被填充为黑色。用恰当的线宽绘制图纸中的非剖切元素（立面图中的元素），以表现进深感。

天空剖面图

该剖面图转化了图纸的填充，用色调或颜色渲染天空。天空凹了进去，把图纸“猛烈地推”了出来。这是一种把剖面图截面填充为白色的方式。

线型

采用不同类型的线条可以使图纸更清晰。用于表现被剖切物的线条颜色最深，而与剖切面距离越远的物体，所用线条的颜色也就越浅。在平面图中，剖切面以上且无法在投影图中显示的元素应该用虚看线绘制。

剖切线：平面图和剖面图中的剖切线要用 B 或更软的铅笔绘制，它们是正投影图中颜色最深的元素。

轮廓线：限定物体或平面与开放空间之间的边界，用 HB 铅笔。

看线：在平面图和剖面图中与剖切线距离较远的线，用 H 或 2H 铅笔。这些线条的线宽根据它们相对剖切面的距离而变化。

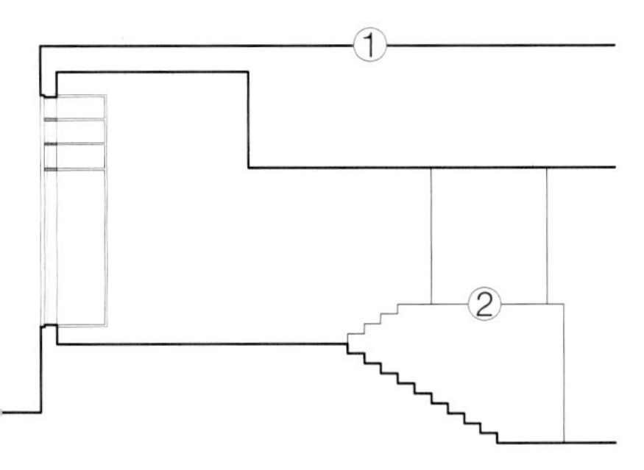

作图线：帮助你组织图面并构图，用 4H 或 6H 铅笔。这些线条应在距离 12in（30.5cm）处可见，但在 3ft（0.9m）或更远处则看不到。

隐藏线：描绘理论上在图纸中看不见的物体或平面的虚线，用 H 或 2H 铅笔。虚线的间距及长短应保持一致。在平面图中，隐藏线用于表示位于剖切线之上的物体。当遮盖屋顶、改变天花板或想打通上层时，一定要了解它们下面的平面图的相关情况，这时隐藏线就非常有帮助了。

每次绘图都从以下三种线宽开始：用 HB 铅笔画剖切线，H 铅笔画看线，4H 铅笔画作图线。随着你绘图能力的增进，逐步增加所选用的线宽类型，包括根据距离用不同的看线进行区分。

比例因素：图纸的比例对线宽的选择产生影响。

每张图纸都需要决定如何用不同的比例尺将信息以最佳的效果呈现出来。

← **线型**
① 剖切线
② 轮廓线
③ 看线
④ 作图线
⑤ 隐藏线

线条的清晰度

- 尽量画出清晰锐利的深色线条，而不是模糊粗壮的深色线条。较软的铅笔很难在绘制贯穿页面的线条时保持前后一致。
- 在决定选择何种线条宽度及类型时，首先考虑建筑空间。

常规比例尺

在表现建筑时，建筑师用比例尺来缩小建筑的尺度以便在纸面上呈现。

常用的建筑比例尺有：
1 ： 192（1/16in 表示 1ft）、
1 ： 96（1/8in 表示 1ft）、
1 ： 48（1/4in 表示 1ft）。

当剖面图绘制得比平面图更大时，可以采用以下比例尺：
1 ： 48（1/4in 表示 1ft）至
1 ： 16（3/4in 表示 1ft）。

建筑比例系统中的更大比例用于详细图纸时，可以采用以下比例尺：
1 ： 8（1.5in 表示 1ft）、
1 ： 4（3in 表示 1ft）。

总平面图、屋顶平面图及整体建筑体量则使用工程比例尺。常用的比例尺有：
1 ： 600（1in 表示 50ft）、
1 ： 1200（1in 表示 100ft）、
1 ： 2400（1in 表示 200ft）。

作业 10 椅子剖面图

摘要

找一把有趣的椅子。绘制包含2～3张平面图（在不同高度剖切）、2张剖面图（中心剖切及偏离中心剖切），以及至少1张立面图在内的一系列正投影图。将这些图绘制在一张纸上。

开始前

- 平面图草图——徒手绘制。不要用直尺。
- 剖面图草图——用作图线将平面图的比例与剖面图对准。
- 立面图草图——用作图线将剖面图的比例与立面图对准。

一般原则

- 变换不同的高度剖切椅子，得到多张平面图。水平切面的不同高度为：1ft、2ft 及 3ft（0.3m、0.6m 及 0.9m）。
- 用作图线在垂直方向上将平面图与剖面图或立面图连接起来，使整个页面保持相似比例。在每幅平面图中用浅作图线（4H）来绘制相似的元素。作图线起到在各图纸之间保持一致性的辅助作用。平面图、剖面图及立面图彼此之间存在比例关系，因此无需重新测量即可在各张图纸之间传递信息。
- 在一张大幅面的纸上绘图，幅面为 18in×24in（45.7cm×61.0cm），并充满整个页面。

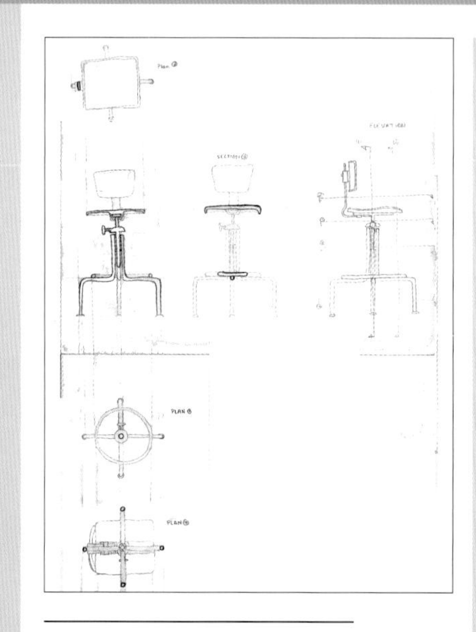

↑ **构图对齐**

通过在同一张纸上将平面图、剖面图及立面图对齐，可以在无需再次测量的情况下传递维度信息。

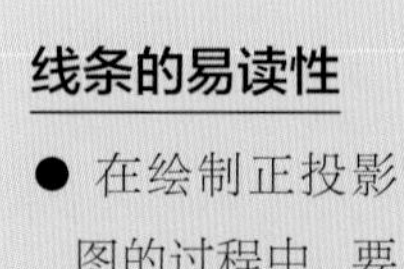

线条的易读性

- 在绘制正投影图的过程中，要不断审视线条的易读性。
- 当正投影图是为工作室评审或公共会议所用时，一定要确保线条从距离图纸 3～4ft（0.9～1.2m）处仍然可见。

1 用4H铅笔绘制一系列作图线，将椅子的边界构建出来。确定椅子的总高度和宽度的比例。继续构建正投影所需的所有比例。在添加具体细节及线条宽度之前完成该步骤。

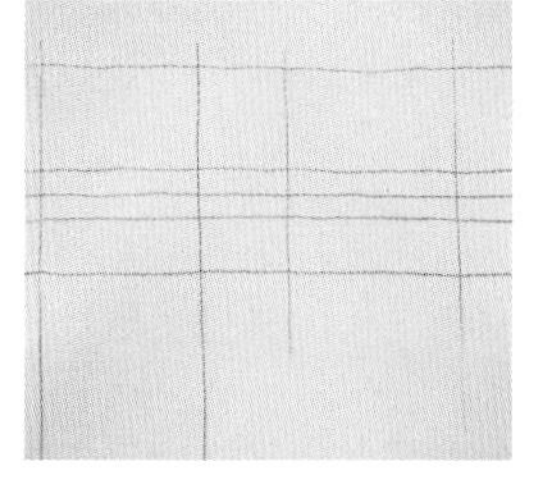

2 开始用H铅笔加深立面图中所能看到的各个元素。作图线始终为页面上最轻的线，并且在此时应随着其他较深线条的逐渐显现而自然而然地消退。

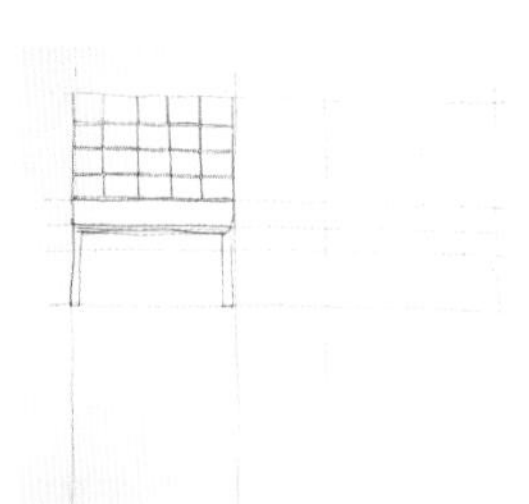

3 开始用HB铅笔加深剖面图中被剖切的各个元素。剖切面是连续的，不应留有任何开口。用尖细的笔尖画出干净利落的深色线条。浅色的作图线应保留在图纸上。

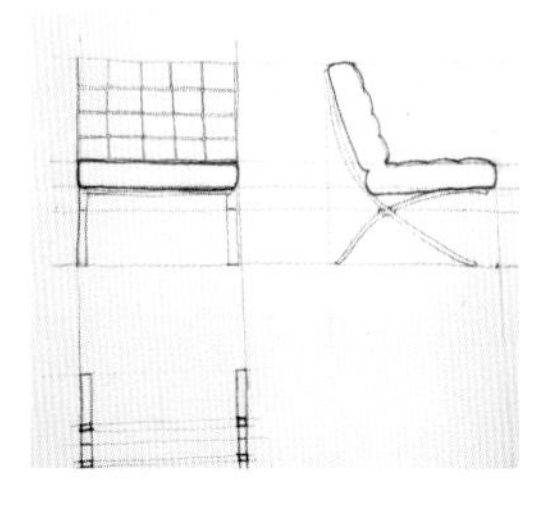

电脑对正投影图的影响

正投影表现手法可以用相同的构建方式以手工形式或数字形式来完成。然而，手工绘制的图纸一般为叠加形式的，也就是说，图纸是由设计构思的各个部分及片段组成的，而在数字格式的图纸中，正投影是从一个三维的数字模型中分解而来的。叠加法中将线宽的清晰度及线条类型纳入了决策过程，因为线宽的清晰度通常是图纸从三维模型剖切出来之后，需要额外进行决策的一个步骤。

不论你倾向哪种方法，两种技能都是绘制建筑空间的必备技能。

手绘能够在你的思维和绘图工具之间建立起即时的认知及肢体联系。在纸上根据人手的活动范围所绘制的线条，其产生的效果马上就能看到。

在数字格式中，信息用鼠标、键盘或其他工具转译到屏幕上的平面图像中。在大脑与图像之间有第二个接口（在这种情况下，这个接口就是屏幕）。使用屏幕的限制就在于需要不停地放大及缩小图像，而不对物体本身产生任何影响。尽管在电脑中构建的物体比例应为 1 ∶ 1，但是屏幕是限制物体视图尺度的调节性因素。

↓ 数字能力

复杂的图纸可以通过多个数字软件来构建。要学习哪个软件则要视你的工作或学习环境而定。适用于手绘的制图规则也同样适用于数字制图。

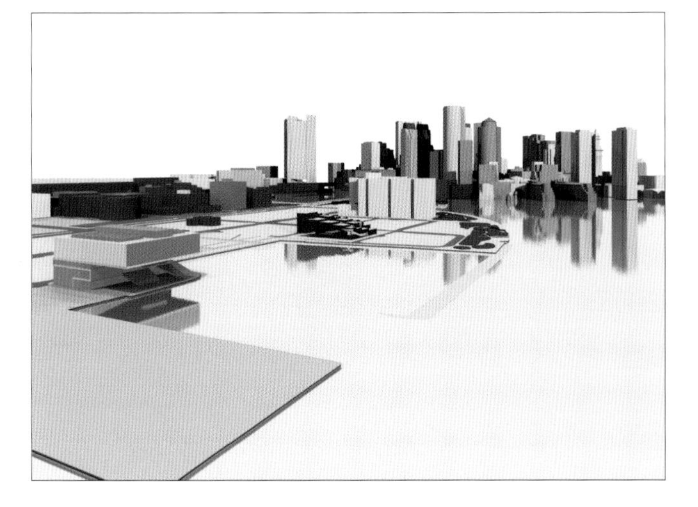

数字软件包

软件列表：

2D 制图：

Autodesk、AutoCAD、Vectorworks。

3D 建模：

Autodesk 3D Studio Max、Autodesk Maya、Autodesk Revit、Rhinoceros、SketchUp。

3D 打印及制造：

Autodesk Meshmixer、CatalystEX、Code Breaker、Insight、MadCAM for Rhino、Autodesk PowerMill、Croma Designer。

可持续发展：

SAP2000。

图形及网页设计：

Adobe Bridge、Adobe Dreamweaver、Adobe Illustrator、Adobe InDesign、Adobe Lightroom、Adobe Muse、Adobe Photoshop、SketchBook Pro。

渲染及视频：

Adobe After Effects、Adobe Premiere Pro、Camtasia Studio、V-Ray for Rhino、3D Studio Max。

第17单元　综合表现

由于维度信息可以在由相同比例尺绘制的图纸之间转译，因此各个图纸在页面上的编排组合则影响项目的易读程度（通过图纸即可看出的内容）。

注意事项

在绘制综合图纸之前要仔细考虑以下决定：

- 页面尺寸。
- 纸张方向。
- 图纸尺度——是否有你想要表现的画面层次？有没有哪一类型的图纸比其他类型的更适合用大比例呈现？

结构

剖面图及立面图彼此相邻绘制，可以共享高度信息。如果竖向叠加，则可共享（x 轴向的）位置信息。平面图信息可以利用作图线转译到剖面图上。

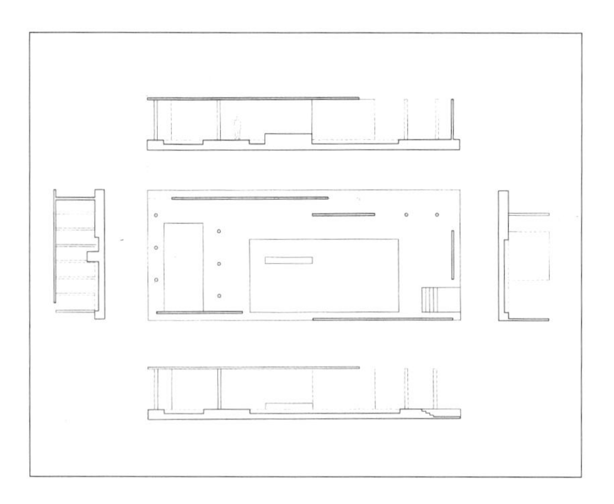

← 页面构图

将相似比例的图安排在同一页面上可以强化设计意图。页面的构图或布局有助于理解空间。把剖面图置于平面图下方，则更容易提取三维信息。也就是说，当正投影图对齐排列时，能够清晰地理解空间的高度、宽度及深度。总之，每次画图的时候，应该高度重视图纸在页面上的构图。页面上的空白和图纸同等重要。

→ 对齐正投影

这个休息室的剖面图在平面图下方与之对齐，显示出了平面图中看不到的特别厚的屋面板，还显示出了其与地面的连接。左侧的剖切面从中央的开间切开，显示出了与此前看到的屋面板厚度相比之下的纤薄的屋顶表面材料。

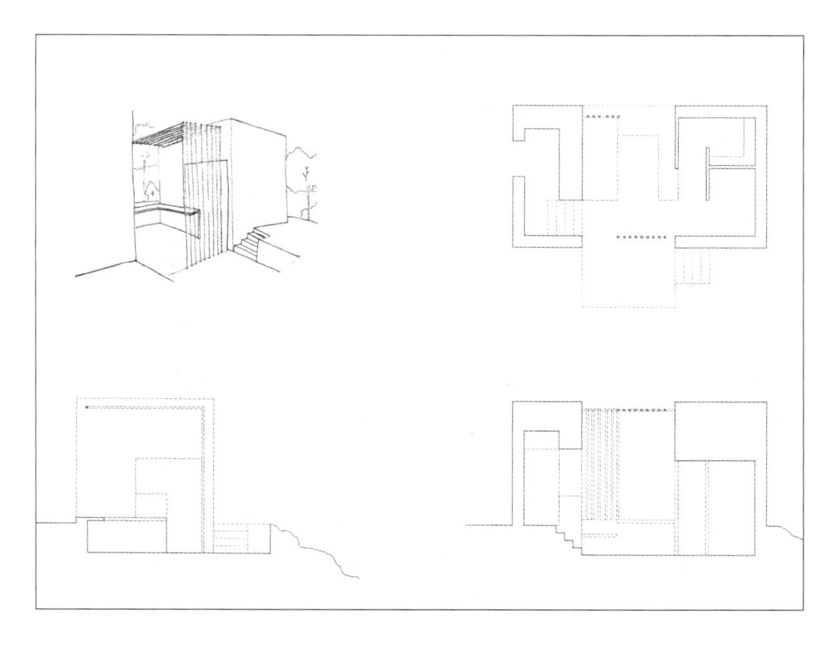

← **对齐剖面图**

四幅剖面图与中央的平面图对齐。注意平面图及剖面图中描述的材料厚度的变化。

→ **竞赛类图板**

当按照层次结构对版面上的画面进行排布时，最重要的是要将透视焦点置于布局的中央位置附近。用正投影图、图表、透视图及文字围绕在中央画面周围，对其起到支撑的作用。文字可以在页面排布上形成比例变化，因此，在考虑布局时应与其他画面运用相同的方法。

页面布局

当在一张纸上进行多幅图纸的布局时，要考虑页面空白的大小，运用不同比例的画面实现内容等级的分层。也可以使用重复元素，如图框，来增加布局的组织性和灵活性。

第18单元　模型制作技术

模型是构思的抽象表达。它们的作用是在设计的推敲过程中对构思进行定义和改进。模型用于描述形态、空间、结构、环境及构思。

模型既可以是生成式的，用来在设计过程中探索构思，也可以是最终表现的成品。生成式模型可以用劣质材料快速制作出来，而成品模型通常是用高质量的材料精心制作的。展示模型通常是给公众展示的，过程模型则用于设计过程的内部讨论。过程模型包括研究模型和体块模型，是实现设计构思的理解、探索及完善的手段。

模型制作安全

- 使用尖锐锋利的工具时，始终保持锋刃远离自己。
- 在用各种刀具切割材料时，先沿着标记在材料上做出刻痕，然后用刀多划几下。
- 经常更换刀片。
- 绝对不要用非金属材料作为切割的辅助工具。

过程模型

研究模型是一种表现工具，用于研究建筑构思及建筑理念。这些模型在设计过程中要经过不断地变化、修改或重构。在形成最终决定之前，研究模型提供了评审可选方案及检验构思的机会。将过程模型视为随着时间的推移，以可视化的方式回顾设计的发展演变的一种方式。

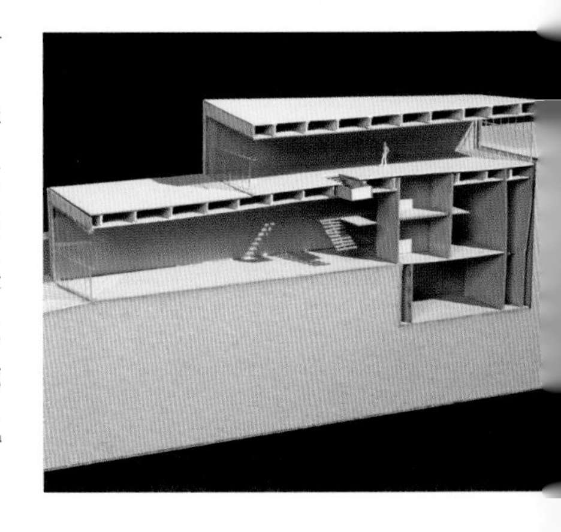

→ **内部空间**

对于较大比例的研究模型来说，要将设计的内外部组成部分都表现出来。如果模型的目的只是为了展示外部元素，那么该模型可以小一些。画廊的最终剖面展示模型表现了内部和外部设计元素。

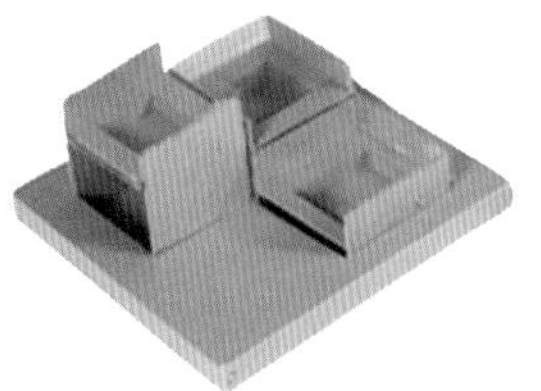

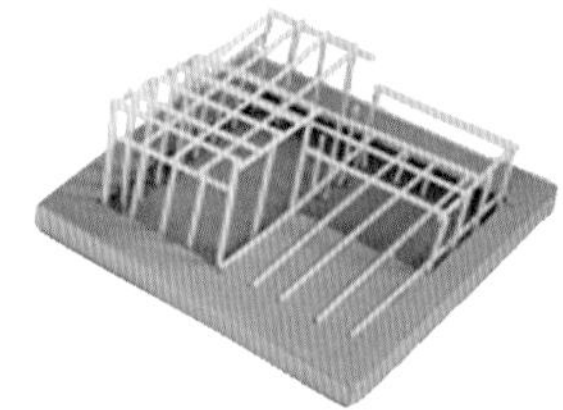

↑ **模型系列**

分解式研究模型系列（同比例的多个模型）呈现了一个项目的各种构思。这些模型很容易制作，能够帮助你将构思以三维的方式视觉化。该小尺寸的研究模型系列强调了体积、表面、连续重叠的平面及结构。

↑ **比例**

模型都按比例进行了缩放，以便在最小的模型内呈现出最多的信息，也就是说，模型的尺寸应能反映出其所应涵盖的信息量。举例来说，体块模型通常制作的规模较大（而其中的建筑物非常小），因为它们通常是用来研究形态及社区模式的。

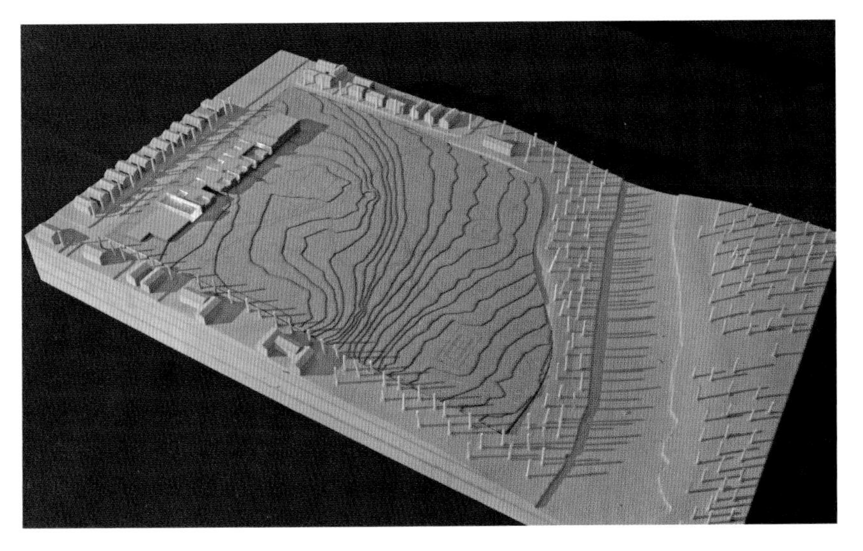

↑ **场地模型**

由高质量的材料制作而成。该场地模型呈现了一所 K–8 学校及其毗邻的公园之间的关系。

↓ **构建模型**

要注意在该新式窗户设计的模型中使用的构建技巧，包括连接销及天花板和外墙之间的搭接。

材料厚度

每种材料都有其自身的厚度，需要在制作模型的过程中考虑周全。仔细思考这两种材料是否相似，如何将两种材料连接在一起。例如，考虑两种平面材料的边缘连接，从哪个角度能看到连接处？是从前面还是从侧面？

材料的尺寸会影响模型的安装，因此在切割模型的组成构件时，要考虑尺寸因素。听从木匠的座右铭：量两次，裁一次。不同的材料可能需要不同的连接条件。泡沫板可以在拐角处斜接，每块都保留完整长度。刨花板及椴木通常为对接相连，并且需要了解连接位置，以便对材料进行准确的测量。

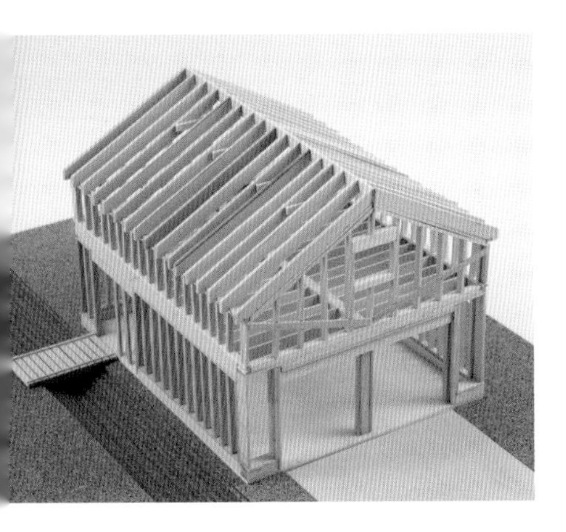

↑ **车库框架模型**

这个椴木模型准确地呈现了框架的结构构件，使该车库的建造逻辑非常明显。

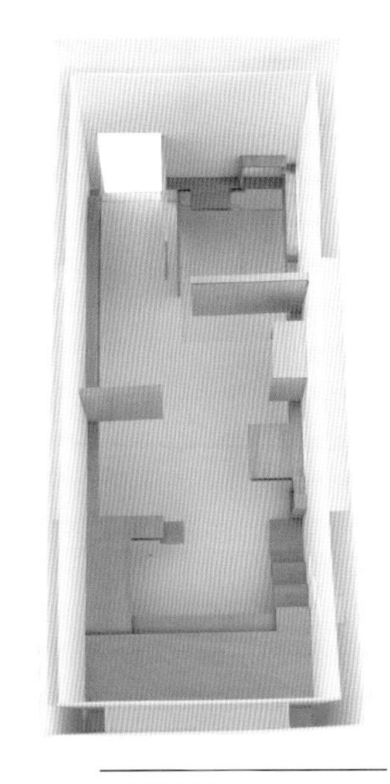

↑ **材料差异**

木头与白墙形成鲜明的对比。

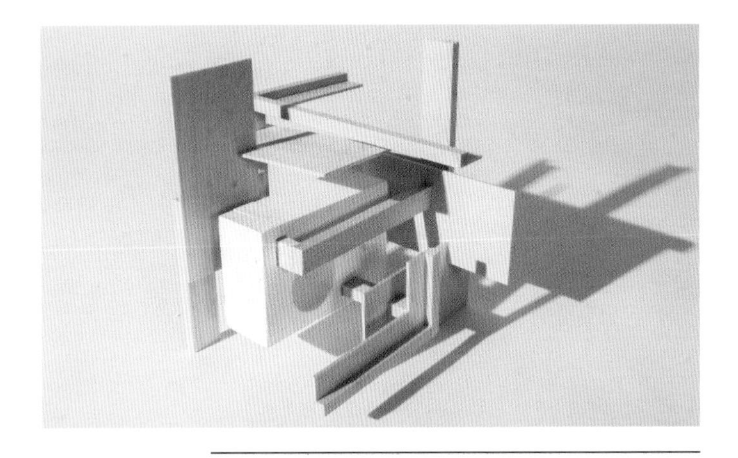

↑ **研究方向**

该模型探索了埃尔·利西茨基（El Lissitzky）画作的动态空间中不同材料的重量。

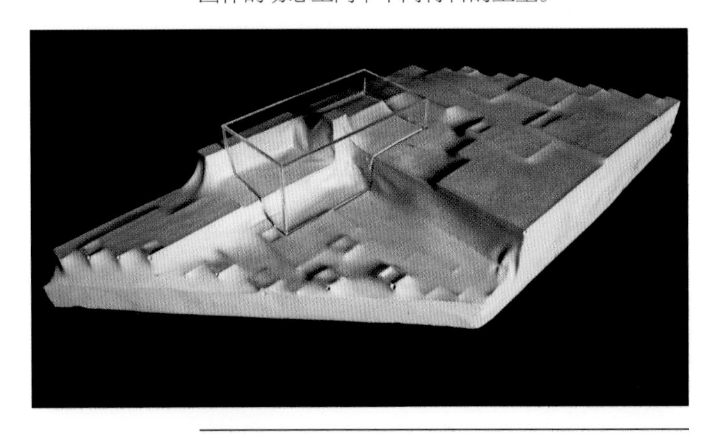

↑ **统一**

这种中空形态的画廊将人造部分与自然景观统一在了一起。

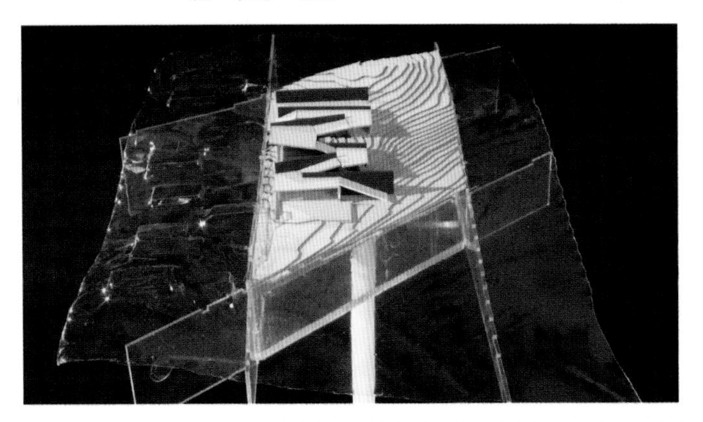

↑ **架高**

中空形态的透明地形底座和一个支架组合在一起，将其架高，使之离地 3ft（0.9m）。

黏合

例如木胶或工艺胶（聚乙烯醇）这样的白乳胶是常见的连接材料。用最少量的胶水，以便胶粘处易于清理且减少胶水干燥时间。用一根小木销钉将胶水涂到边缘表面，稳稳地沿着材料的边缘拖刮涂胶工具，不要在边缘上涂太多的胶水。将涂了胶水的材料固定到一起，让连接处干燥。施加压力封住连接处，可以使用临时固定件或制图胶带将各部分固定在恰当的位置上，尤其是在黏合复杂结构的时候。

打磨

用木头进行制作时，用砂磨块清理连接处及材料表面非常重要。砂磨块是一个用砂纸包着的矩形立方体木块。它可以避免木头边缘被磨圆。按照纹理的方向打磨木头。通过上述方法，连接处可处理成无缝的。不要通过打磨的方式将较长的物体缩短，打磨只能用于去除棱角，减少截面的毛茬。如果材料块较短，则需重新切割物料，并且只打磨连接处。

数字成型机

- 激光切割机
- 3D 打印机（塑料、淀粉）
- 3D 激光扫描工作站
- 数控铣床
- 7 轴机器人
- 水射流切割机
- 泡沫切割机

模型底座

由模型的底座开始创建模型的场地，并且有可能强化设计构思。仔细考虑底座是否应最小化、突出化或者夸张化。先构建底座通常较为容易，但也可以与整个模型协同构建。

模型配景

配景包括树木、灌木、人及车辆。由于是半现实半表现，所以配景是模型中具有挑战性的组成部分。树木可以由多种不同的方式来抽象表现：木销钉、双绞线、干满天星或者野花。提前决定景观是否是设计构思最重要的或者次要的部分。整体模型的真实程度决定了景观配景的真实程度。

由于配景是提供辅助信息的，因此应与模型保持配色、比例及密度上的一致。如果模型完全由椴木制成，且要配以绿树，则这些绿树将在模型中占主导地位。

模型制作技巧

- 椴木可以通过浸湿并用圆形物体弯折达到弯曲的效果。在椴木干燥的过程中，用橡皮筋对其进行固定。椴木既可以顺着纹理弯曲，也可以逆着纹理弯曲。干燥木头的长度要比所需的长度长一些，弯曲后将其切割到合适的大小。
- 蜡纸可以用作复杂结构部件的黏合表面。由于纸张具有透明度，可以将图纸置于其下作为参照。胶水不会附着在纸面上，易于继续工作。

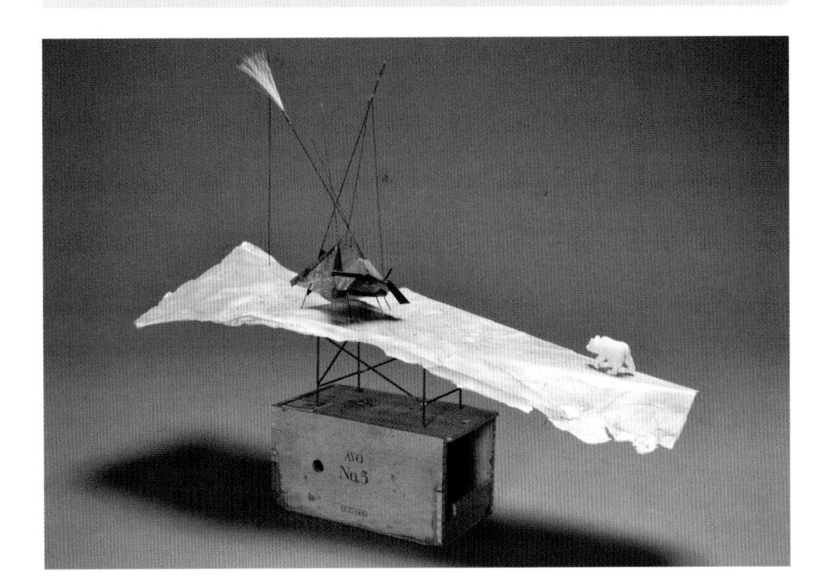

↑ **凸显场地**

克里斯 • 科尼利厄斯（Chris Cornelius）的土著工作室（studio:indigenous）设计的这个模型凸显了场地。随着平面与下方体块的分离，场地自然弯曲。

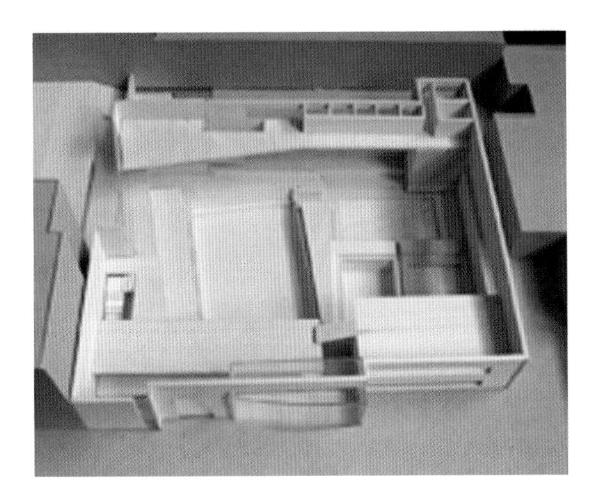

← **设计过程**

模型应该是在视觉上易于理解的。去掉屋顶之后，就能看见该游泳池的内部了。

第19单元　构图：丢勒字母表

1471年，阿尔布雷特·丢勒出生于德国的纽伦堡，跟随金匠父亲当学徒。15岁时，还跟随一位画家当学徒，成为一名狂热的景观观察者。丢勒逐渐对人造物及自然环境产生兴趣，并在其艺术作品中对两者进行表达。他是文艺复兴时期备受尊重的画家、雕刻师和木刻版画设计师。

↑ 丢勒字母

丢勒字母表无需进行测量，仅仅运用了简单的几何比例系统便构建出所有字母的结构。所有的作图线都可以通过几何手段来确定。

丢勒认为艺术是天赋、智力和数学的人文主义方式的结合。他谙熟用印刷机来帮助传播自己的作品。为此，他撰写并出版了一本名为《测量导论》(*Underweysung der Messung*）的专著。这是有史以来第二本用德语发表的数学专业作品。该著作指导读者如何“绘制”（即用精确的数学方法画）直线、曲线、多边形及立方体。除了抽象几何的理论内容以外，丢勒还给出了各个定理的实践应用案例，例如用透视法及立体明暗法进行绘画。他指出了字体设计应如何具有数学严谨性且符合比例，以及几何构图的“科学”规则。

罗马字母是以几何原理和规则为基础的，正是这种清晰度和基本原理使之成为一种非常优雅的字体。丢勒用几何原理来构建罗马字母表中的大写字母，给出每个字母的几何作图过程及成品样本的详细指导。

此外，丢勒还利用几何形态构建了第二套字母表，即德文尖角体（Fraktur）字母表。德文尖角体字母表是一套用于德语出版物的字体。由于丢勒的这套字母表是逐渐构建丰富起来的，所以这些字母并不是按照字母表顺序排列的。究其根本，所有的字母都是字母“I”的变体，所以他以此为基础，加上尾部或者其他必要特征来完善字母表剩余的部分。

丢勒于1528年逝世，留下70多幅油画、100多幅铜版画、250多幅木刻版画、1000多幅素描，还有三本关于几何学、筑城学及人体比例理论的著作。

↓ 工作中的艺术家

丢勒谙熟透视结构和空间之间的关系，并将其在许多画作及铜版画中表现出来。

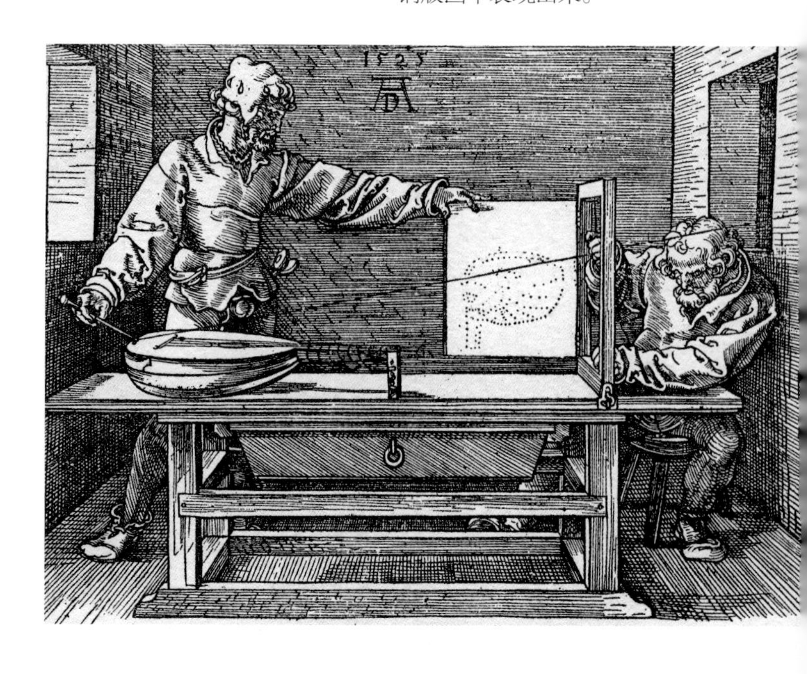

作业 11 绘制正投影图

摘要

构建阿尔布雷特•丢勒的几何罗马字母表中的其中一个字母的全套正投影图。每个丢勒字母都遵循特定的几何形状及比例。字母的结构必须体现出精确度及比例。由于丢勒所使用的语言是古文，因此请仔细阅读指南，并根据需要反复揣摩。按照他指引的步骤重新构建字母，不要进行测量。用比例体系构建图纸，用平行尺、三角板、圆规及自动铅笔来构建正投影图。按照丢勒的指南，在一个边长 4in（10.2cm）的正方形中构建立面图。然后，用该图纸构建全套的正投影图（平面图、剖面图和立面图）。将字母想象为一个 4in（10.2cm）的挤出体，垂直于立面图表面。换言之，如果将原本的立面图视为 x 轴和 y 轴，则应将该挤出体视为 z 轴。

构图

将全套图纸排布在一张 24in × 24in（61.0cm × 61.0cm）的纸上。用作图线将组合图中的平面图、剖面图和立面图连在一起。终稿上的这些作图线应在距离图纸表面 12in（30.5cm）以内清晰可见，且在距离 3ft（0.9m）时完全消失。用 4H 铅笔绘制作图线，用 HB 铅笔绘制剖切线。在构图方面，将立面图视为一个展开的盒子，用描图纸绘制正投影图的第一稿，在仿羊皮纸上绘制组图终稿。

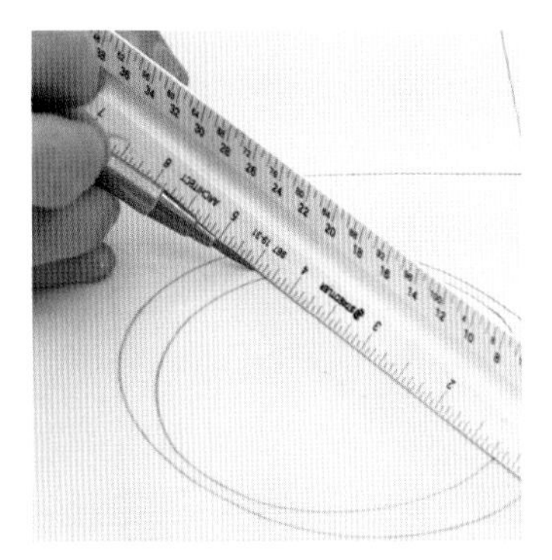

1 若要在不借助数学方法的情况下对一个空间进行均等分割，要先画两条与待分割空间对齐的线。选择任意一个可被9整除的刻度。左侧标0，右侧标9。直尺不与任何直线垂直。标出相应的9的倍数的刻度，以构建均等的空间增量。

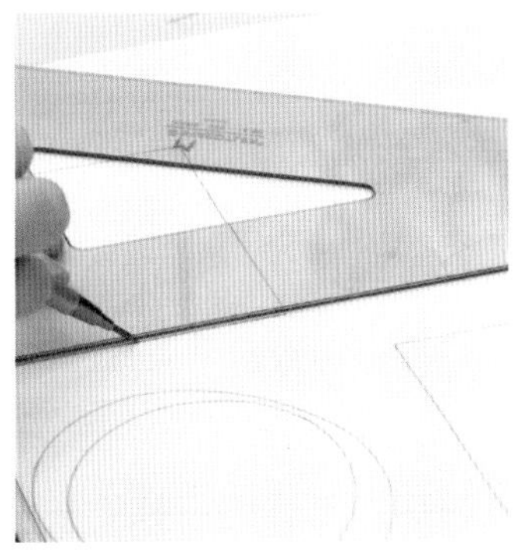

2 画完垂直线后，将三角板抬离纸面避免晕染。

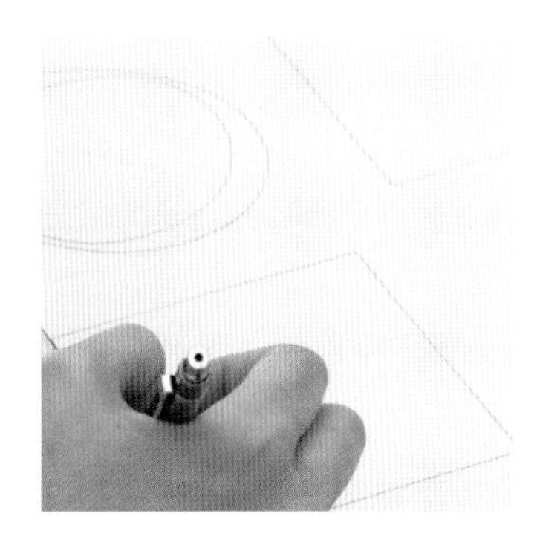

3 将立面图中的线条宽度与同一页上所有立面图的线条宽度保持一致。各图纸之间的线条特性要保持一致。

↓ 构图策略

一套完整的正投影图应包括一幅正立面图（字母原型）、两幅剖面图，以及四幅立面图。四幅立面图包括两幅侧视图、一幅顶视图、一幅底视图。将每幅图都置于一个 4in（10.2cm）的正方形内。

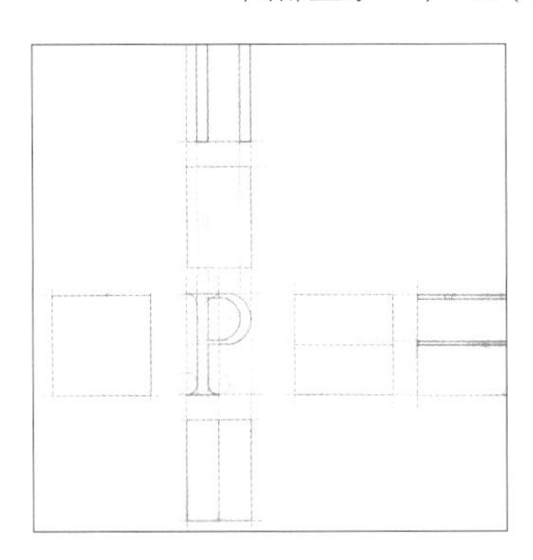

作业 12 制作模型

摘要

以硬纸板为原材料构建丢勒字母的三维模型。先做一个研究模型练习，然后再做最终模型。练习模型可以用来检验制作技巧，并将问题区域显现出来。你应该从整体工艺及精确度上评估最终模型。

比例

全尺寸——每个字母的模型均视为置于一个边长为 4in（10.2cm）的立方体内。

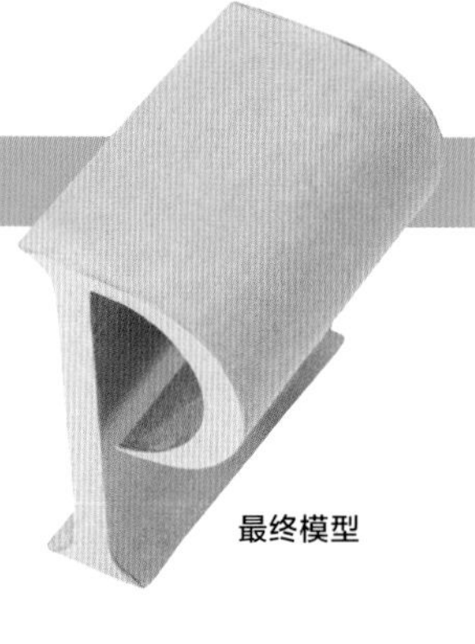

最终模型

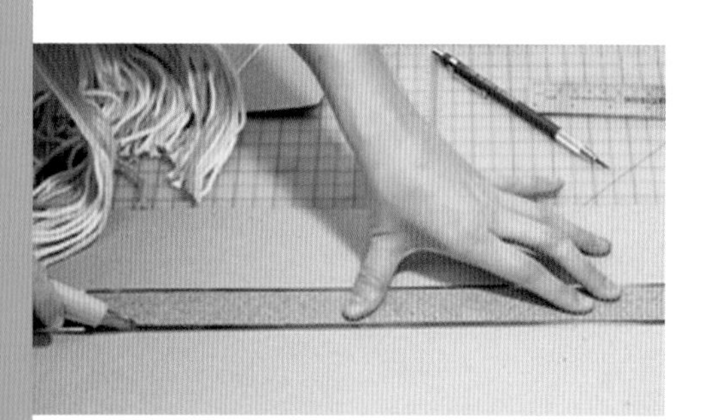

1 用直尺切割材料。先划出刻痕，再多割几刀。

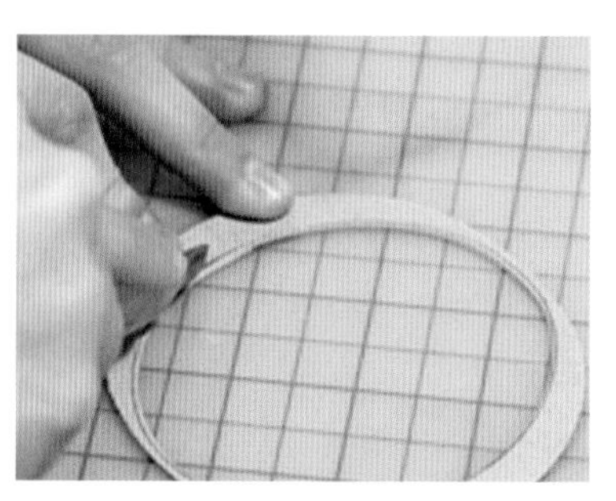

2 曲线部分更难切割。慢一些，但是尽量保持切割的连续性。

3 制作顺序是非常重要的。识别出哪些材料是暴露在外面的（面朝前的）。这会影响到每块材料的长度。

4 用一小片硬纸板来涂抹胶水。不要用太多胶水来固定两块硬纸板，胶水太多的话会让材料水分过多，导致其弯曲。

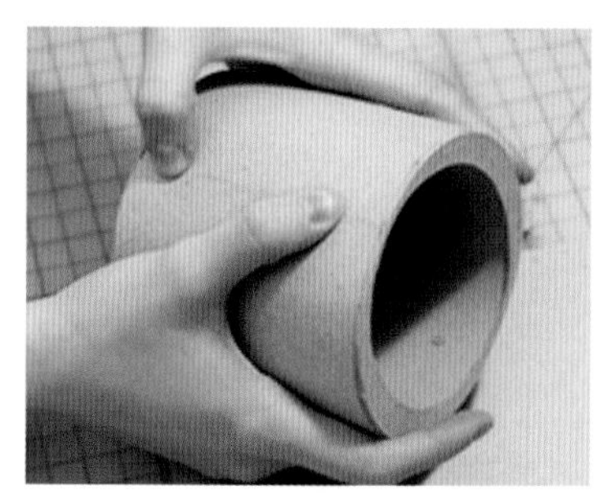

5 注意材料中的自然连接处，让它们对模型有意义。有些材料本身受尺度限制，所以对连接处的考虑是制作模型的一个重要方面。

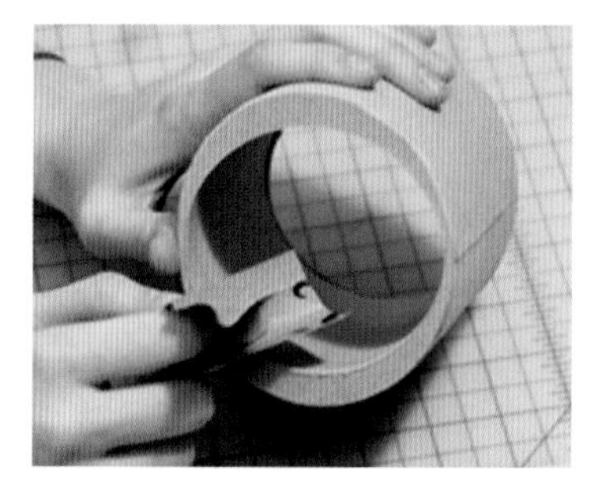

6 轻轻地将边缘上可能附着的多余胶水或粗糙的切口打磨掉。如果能看清材料的纹理，则要顺着纹理方向打磨。

你需要的东西

- 1/32in（0.8mm）和 / 或 1/16in（1.6mm）的模型用硬纸板
- 切割垫
- 刀及刀片
- 金属直尺
- 字母的正投影图

小贴士

用内部填充提供额外的支撑。小三角板可以帮助平面间彼此垂直。

作业 13　构思概念化

摘要

用丢勒字母立面图建立起来的比例系统设计一个能装 8 支素描铅笔的装置。考虑将 8 支铅笔分别存放或统一存放。将作品限定在边长为 4in（10.2cm）的体积内，并且只能使用直线。在边长为 4in（10.2cm）的立方体上重构字母的线条。铅笔不需要完全包含在立方体内。从六个面全方位地考虑设计。

功能：储存 8 支铅笔。
意图：我如何容纳这些铅笔？
建筑学：美学及构图。

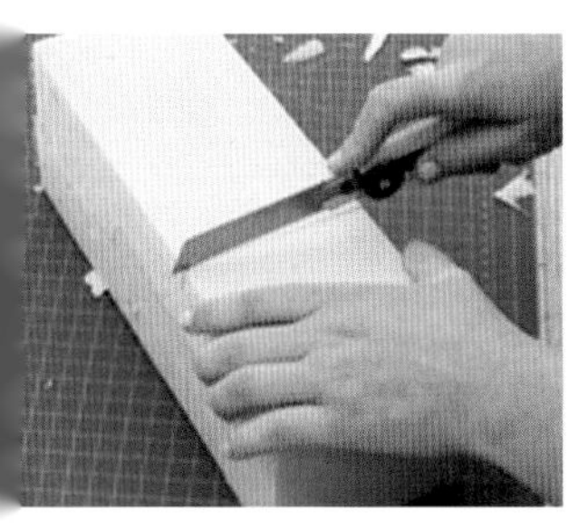

1 建立“场地”的参数。在本作业中，这个边长为4in（10.2cm）的立方体就是场地。把它当作用空间思维思考概念的一种方式。考虑铅笔的重量，以及会对你的切割方式产生哪些影响。

2 将丢勒比例系统应用到立方体的所有面上。这给你提供了可以工作的参数。将立方体雕刻视为设计过程的一部分。考虑铅笔的长度，以及会对你的切割方式产生哪些影响。

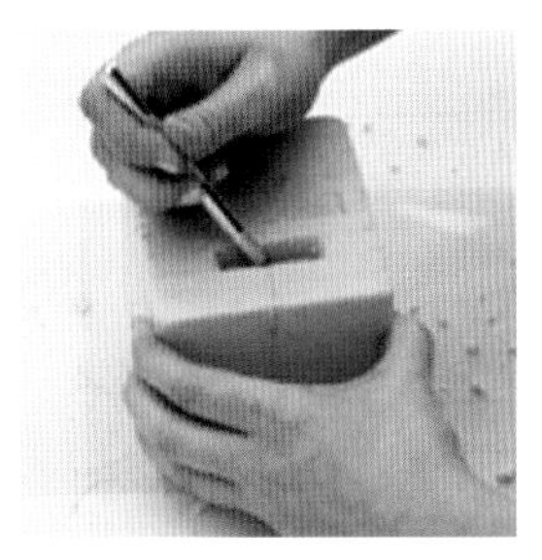

3 开始切割泡沫。切割的深度取决于你对铅笔盛装方式的设想。如果切割太深，就会影响到立方体的其他面。考虑一下设计过程中与手接触的接口。

4 模型的六个面都要考虑到，任何一个表面都可以朝上。本作业的这个要求是个挑战。即便立方体看起来很简单，但是实际场地却是很复杂的。

回收中心的概念模型

这九个研究模型组成的系列是多达 180 张照片序列的一部分，该照片序列探索了回收中心别出心裁、天马行空的形态。外形的厚度及其有目的的任意性模仿了一张即将开启回收之旅的皱皱巴巴的纸。

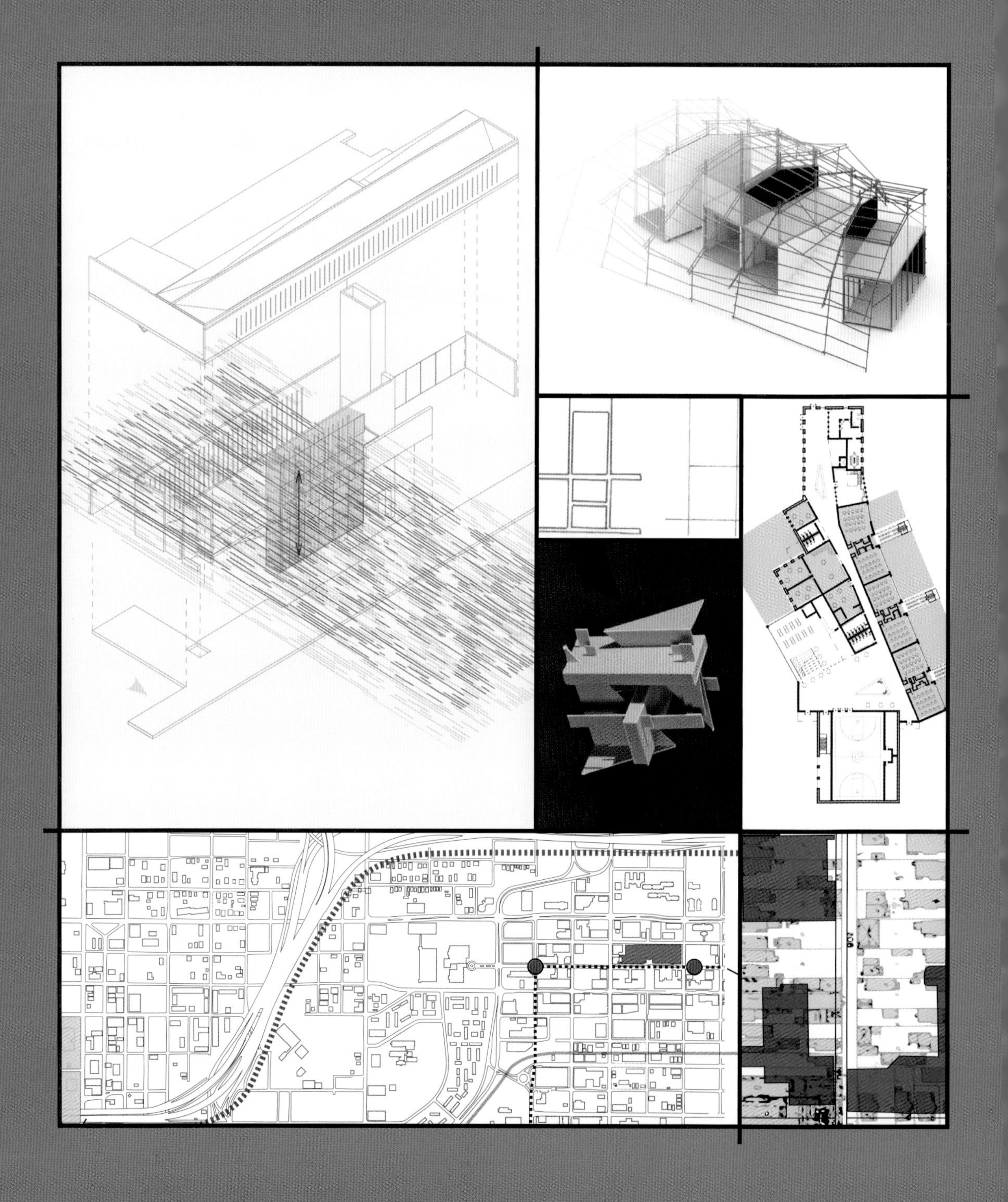

第 4 章

客观抽象：轴测图

OBJECTIVE ABSTRACTION: AXONOMETRIC

本章将介绍绘制轴测图的方法及 20 世纪建筑师埃尔·利西茨基的作品。如果你曾画过立方体，那么基本上就算画过一张轴测图了。轴测图是我们日常生活中常见的物体表现，比如家具安装说明书。

轴测图是一种客观的三维表现，将平面图及立面图的信息结合在一张抽象图中。它的客观之处就在于它是无法在现实空间中被观察到的。轴线是沿着三个坐标轴的方向进行度量的，其易于构建的原因在于平行元素在表现中仍保持平行关系。这与构建透视图有很大的差别，透视图中的退缩线会在空间中相交。

三维轴测图可以通过二维平面图或立面图得出。图纸绘制的过程中始终保持实际的尺度。轴测图同时提供了多个表面之间的关系，可用于研究形态与空间，以及水平元素与垂直元素之间的相互作用。轴测图用于通过增加或减少空间来研究空间策略。

这一传统是由 20 世纪早期的几位艺术家开创的，例如埃尔·利西茨基和特奥·凡·杜斯伯格（Theo van Doesburg），以及其他艺术家及作家。纽约五人组的彼得·艾森曼（Peter Eisenman）执业于 20 世纪 70 年代，其早期住宅作品中的大部分都是使用轴测图进行制作的。例如塞尔加斯·卡诺建筑公司（Selgas Cano）和 is 事务所（is-office）这样的设计公司仍然使用这种抽象的方式制图，以此反映其设计意图。

第20单元　轴测图概述

轴测图可以分为正轴测图（包括正等轴测图、正二轴测图、正三轴测图）和斜轴测图（包括立面和平面斜等轴测图）。

绘制起来最简单的轴测图就是平面斜等轴测图（也就是轴测图）。轴测图的构建可以直接从例如平面图这样的二维图导出，并且可以在图中的任何一点进行测量和缩放。平面斜投影则是从经过旋转的平面图得来。平面图可以以任意角度进行旋转，30°、60° 和 45° 较为常见。每个角度呈现的对象的重点都有所不同，因此要慎重选择。30° /60° 旋转强调的是左表面，60° /30° 则强调右表面，45° /45° 则同等突出了两边的表面。

为了加强轴测图纵深的阅读理解，通过调整线条宽度来区分不同的空间边缘。空间边缘是指物体与外界开放空间相接触的边缘。该剖面线要比立面线颜色更深。

轴测立方体的基本框架可以视为从平面图中的挤出。挤出的形态给了你一个可以在其内部画图的框架。根据平面图，可以沿着垂直轴进行实际测量。平面图中所有平行的线条在轴测图中仍然保持平行关系。立面图和剖面图的信息可以通过测量转译到轴测图上。平面图中所画的所有圆形仍保持圆形。但是，垂直面上的圆形在轴测图中会变成椭圆。

轴测图优点

- 易于在各个轴上测量。
- 可放大缩小。
- 理解体量关系。
- 非平行线可通过定位端点去连接。

→ 轴测图种类

通过加强同一张图的不同局部，可构建各式各样的轴测图。

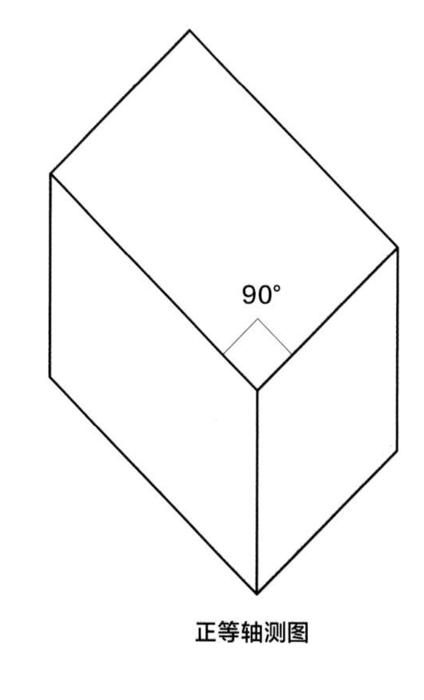

正等轴测图

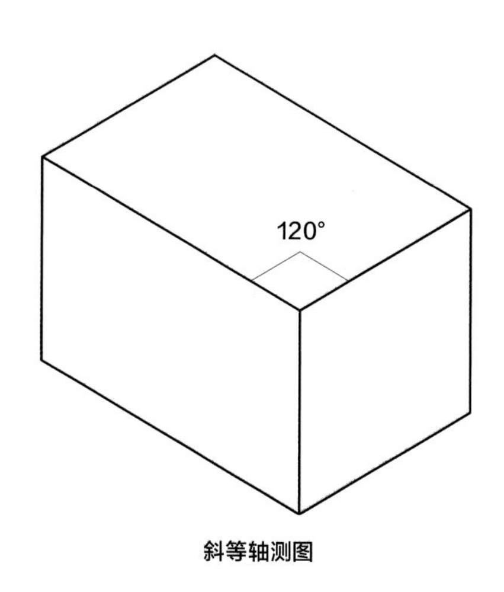

斜等轴测图

绘制平面斜等轴测图

阅读书目！

杰弗里 · 巴尔默
和迈克尔 · T. 斯维什尔
（Jeffery Balmer & Michael T. Swisher）
《图解大概念》
（*Diagramming the Big Idea*）
劳特利奇出版社
（Routledge）
2012 年再版

彼得 · 艾森曼
（Peter Eisenman）
《朱塞佩 · 特拉尼：变形、分解、评论》
（*Giuseppe Terragni: Transformations, Decompositions, Critiques*）
莫纳赛里出版社
（Monacelli Press, Inc.）
纽约，2003 年

爱德华 · 福特
（Edward Ford）
《现代建筑细部第一、二卷》
（*The Details of Modern Architecture Volumes 1 and 2*）
麻省理工学院出版社
（MIT Press）
马萨诸塞州剑桥市，1996 年

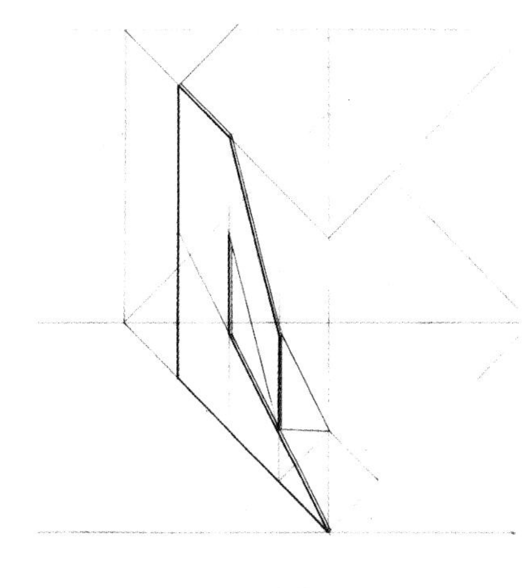

1 将平面图旋转到一个能突出设计细节的角度。用4H铅笔开始绘制立方体的挤出顶角。用与平面图相同的比例尺测量高度。

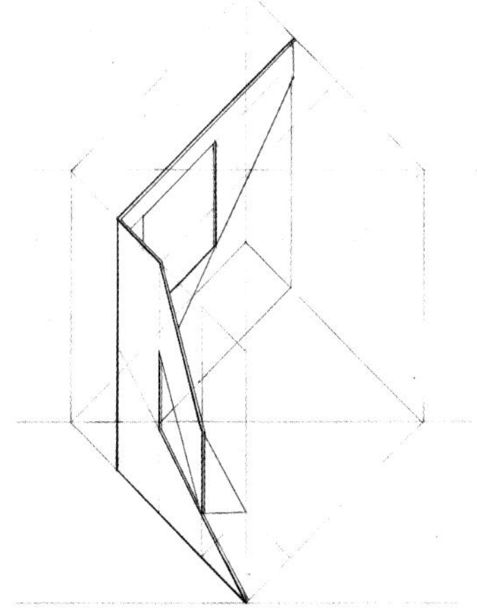

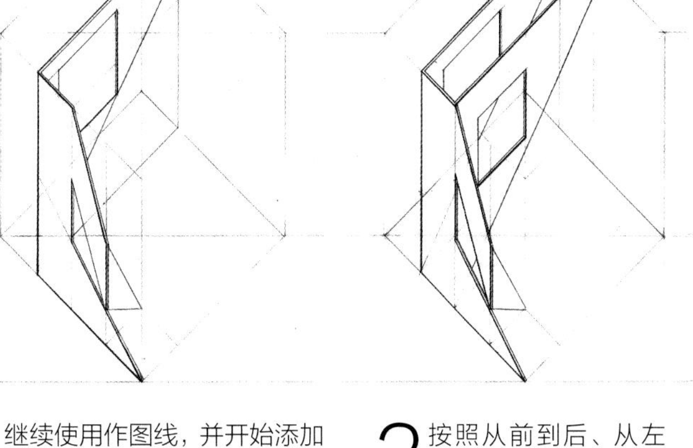

2 继续使用作图线，并开始添加门窗等细节。进行垂直方向的测量，以确定窗户离地的高度。

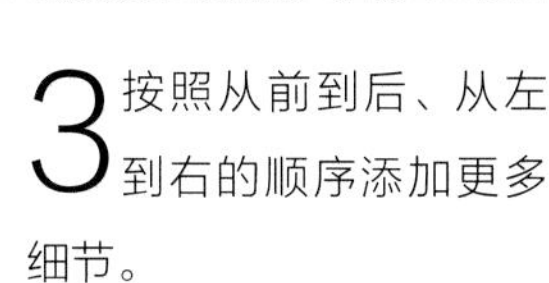

3 按照从前到后、从左到右的顺序添加更多细节。

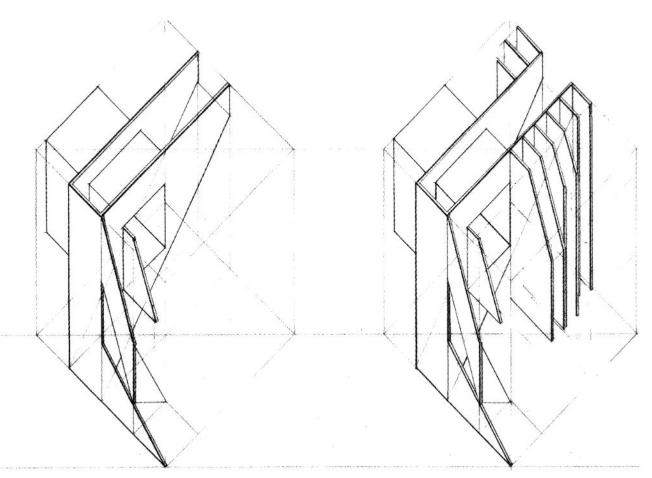

4 用HB铅笔加深作图线中作为看线可见的部分。颜色浅的作图线可以保留在图纸上。

is 事务所

is 事务所由凯尔·雷诺兹(Kyle Reynolds)和杰夫·米科瓦耶夫斯基(Jeff Mikolajewski)创立，是一家合作设计及研究的公司。该公司不仅对人造手工艺品感兴趣，更重要的是，对自然的探究及探索的过程也感兴趣。他们的作品，无论是推测性的还是建造性的，都建立在用知识背景对严密细致的图像处理过程进行优先序列分级的方法论上。依靠着丰富的绘图及项目实操经验，is 事务所运用轴测图类型来进行探索和展现。

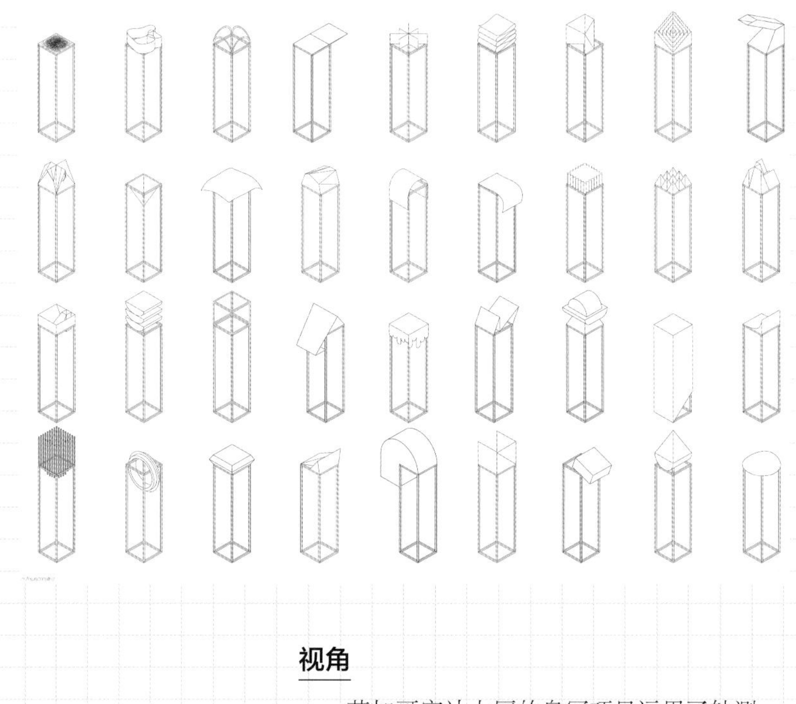

视角

芝加哥审计大厦的皇冠项目运用了轴测图，出于轴测图的客观视角（与透视图相对）及其展现顶点的能力，我们将顶点称为建筑的第五立面。

轴测图变体

正等轴测图是轴测图的一种，其视角比平面斜等轴测图的角度更低。同等强调了三个主平面。正等轴测图不允许通过直接从现有平面图中挤出来进行构建，而是要求对平面图进行重构，其前角绘制为 120°，而不是 90°。通常，正等轴测图的垂直信息按比例进行绘制。测量值沿着 30° 退缩线进行转换。

正二轴测图是另一种轴测图，有两个轴同比按透视法缩短，第三个轴则比其他略长或略短。

轴测图的变体类型有：舒瓦西轴测图、分解轴测图、剖面轴测图、透明轴测图和序列轴测图。舒瓦西轴测图（也称为虫眼视图）突出在下方仰视的视角，通常是建筑的天花板及其相邻空间。分解轴测图将物体分离成较小的元素的同时，保持其整体的感官。被炸开部分的位置通常与原体块保持关联，并用虚线相连。

快速数字建模

像草图大师（SketchUp）这样的三维建模软件在建筑工作室和事务所中很常见，它可以快速简便地对建筑物和空间进行建模，还可以为手绘提供底图。该软件可以旋转模型，以便从任意视角查看。SketchUp 是非常好的将二维图像转换为三维研究模型的工具。该软件可以非常容易地挤出对象并进行简单投影。

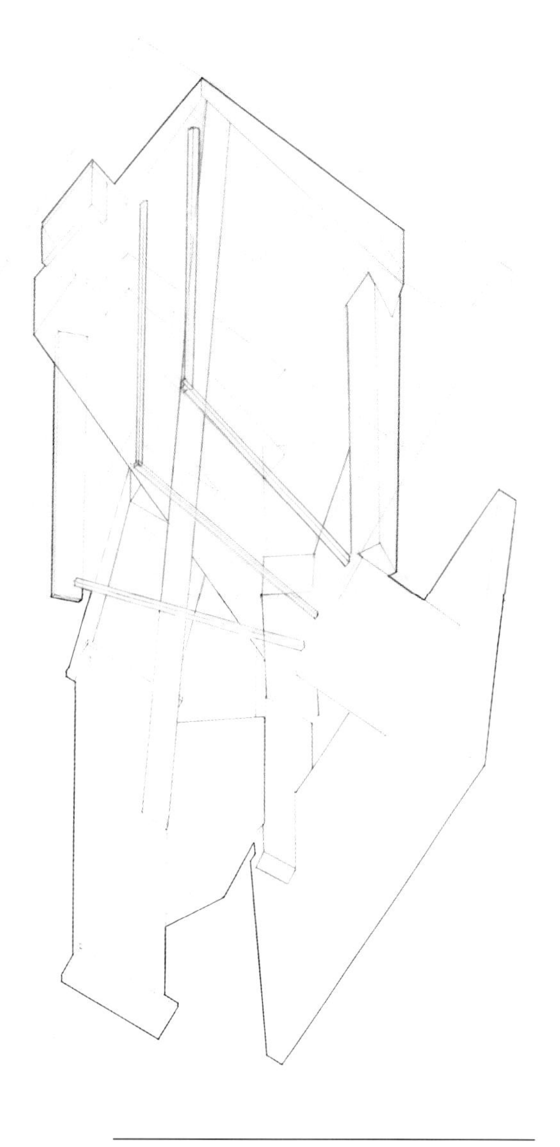

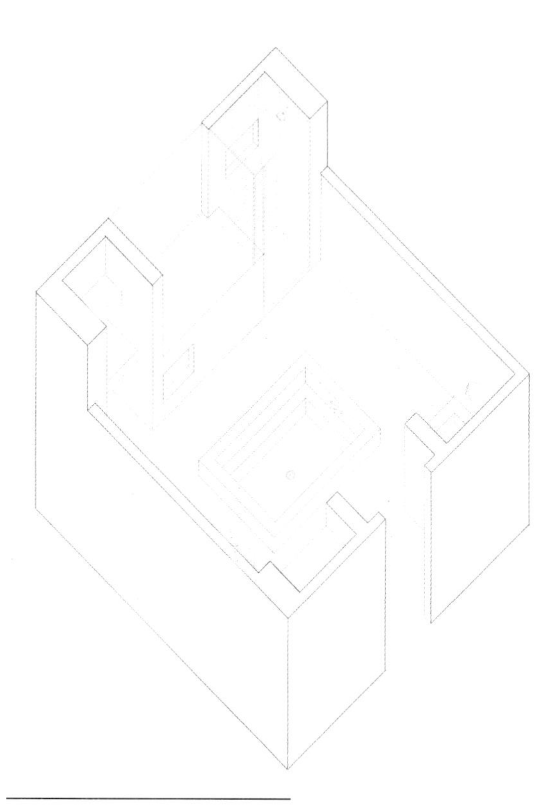

↑ **剖面轴测图**

在该剖面轴测图中，通过移除部分墙壁和整个天花板来显示内部空间。

↑ **透明轴测图**

透明轴测图将重叠的空间绘制成透明的，以此让内部空间得以展现。它与剖面轴测图相似，但被移除的部分是用透明元素来表示的。颜色最深的线，即轮廓线，表示物体和开放空间之间的边缘。

第21单元　空间叠置和复合空间

轴测图是帮助开发并理解建筑设计中清晰、明确、复杂的三维空间的绘图工具。

通过同时展现平面和剖面信息，用三维的方式理解形状和空间体积的多样性。轴测图可以描述形状和空间。通过这类图形，可以明显地看出被推出来的模型和空间之间的相互关系。

↓ 空间图解

轴测图展示出水与该教堂的相互作用方式。形状、线条的浓度及画面的不透明度的手法，描述了水流经每个部分的运动情况。

空间叠置

在这一系列的空间研究模型中，小型图书馆和阅览室被抽象成了体块。下沉空间（上图）：下沉的阅览室置于地下，以便减少干扰和控制光线。反射空间（中图）：公共空间和图书储藏室位于二楼的一个体块内，与图书馆的阅览室及其他部分隔离开。动线元素（下图）：楼梯间等元素位于该体块中。这个体块完成了上部天井的部分，与此同时，楼梯间里提供了返回地面的通道。

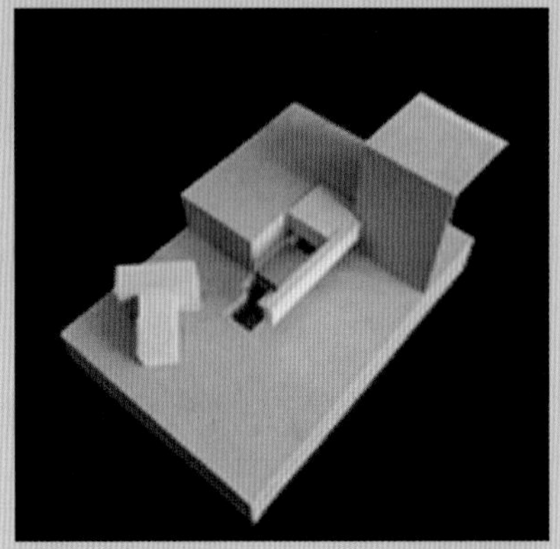

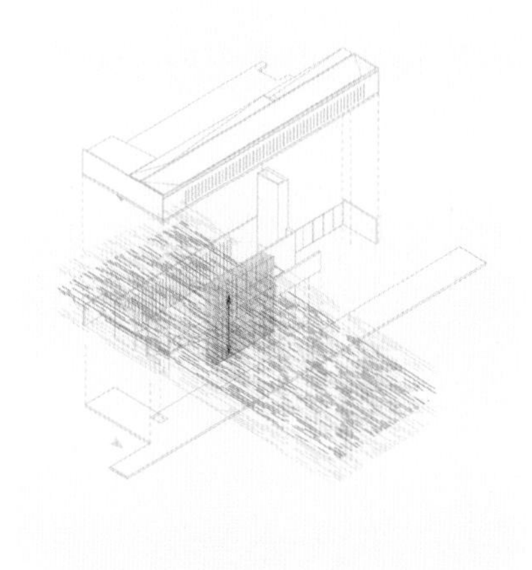

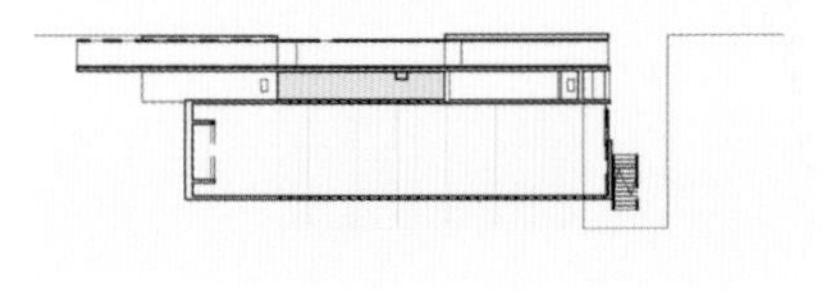

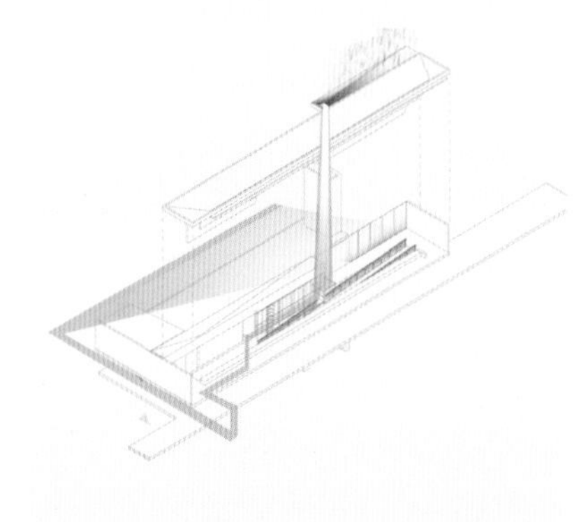

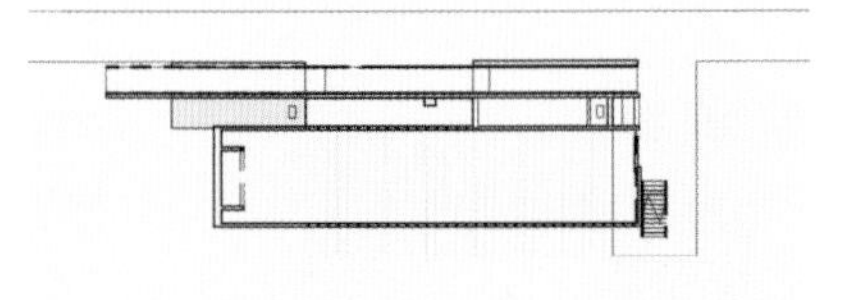

案例研究 3　材质和工艺的探索

建筑师

玛莎 • 福斯（Martha Foss）。

这些小尺度的设计中，每一个都是对材料特性及制造工艺的探索，是将平面材料转换成三维形式，从而形成空间。限制使用各种附加的紧固件，如胶水或螺钉，强制利用材料自身的特性进行连接，并满足功能性要求。每个设计都是通过二维材料来塑造空间。

设计过程同时涉及绘图，对材料本身进行试验来发现其局限性和优势，用全尺寸模型检验和完善绘制的形态。工艺过程图放在成品的旁边进行展示，是演示构思及制作全过程的一种方式，即从构思到形态，再到产品。

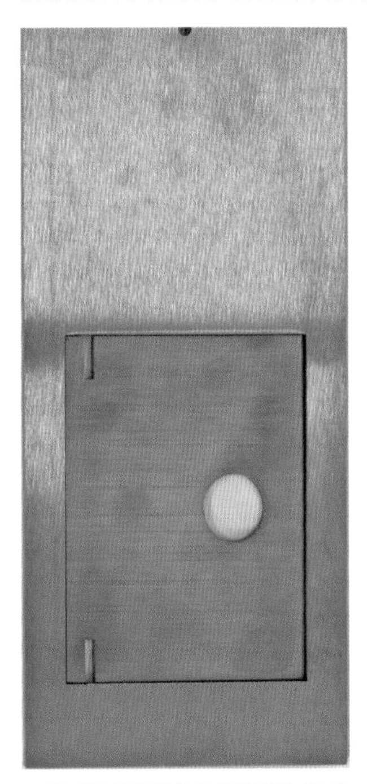

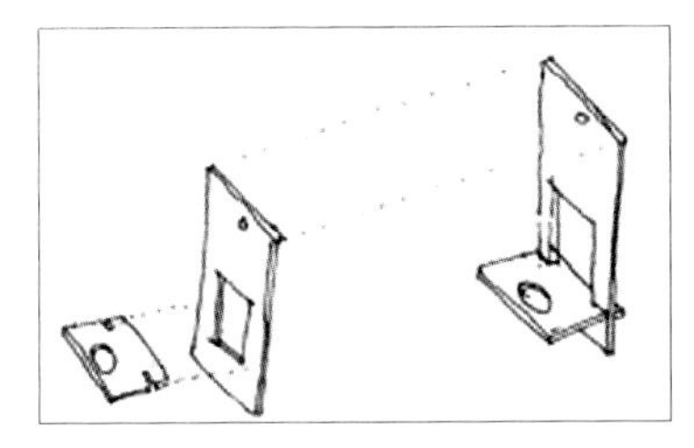

← 烛台 ↑

这款壁挂式烛台是由 9in × 4in（22.9cm × 10.2cm）的不锈钢板激光切割而成，将浪费降到最低限度，并开拓了生产过程的特性。两块平面部件，其中一块由另一块分割而来，可以打包成平板销售。这两个部件可以分离开，以新的方式重新接合在一起，形成立体的烛台。

→ 铅笔架/信笺架 ↗

该铅笔架 / 信笺架是由弯曲的分层压合的枫木制成的。木材经过弯曲，回环往复缠绕，形成一个空间包含体。第一组曲线形成可以放置信笺的空隙，最后的那个弯曲用来放置铅笔。

第22单元　分析入门

图解在日常生活中很常见：地下地图、安装说明书、五线谱、图表等。在建筑学中，图解是将建筑或对象抽象成其组成部分的分析过程的结果。单个分析可以用单个图解或一系列图解来呈现。图纸和模型都可以用来构建分析。

分析是一个简化的过程，即孤立地简化一个构思。分析模型及图解可以描述正式调查、概念性构思或排序原则。

阅读书目！

罗杰·H. 克拉克
和 迈克尔·波斯
（Roger H. Clark & Michael Pause）
《世界建筑大师名作图析》
（*Precedents in Architecture: Analytic Diagrams, Formative Ideas, and Partis*）
约翰威立出版公司
（John Wiley & Sons）
霍博肯市，2012 年第四版

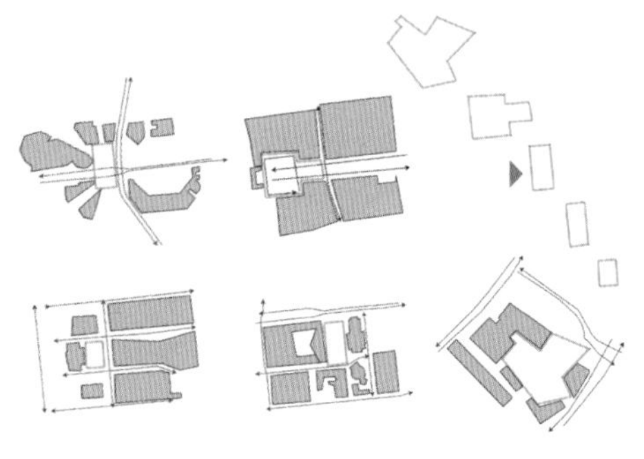

← 环境分析

这些图解对比了德国柏林各公共广场的尺度和形状。

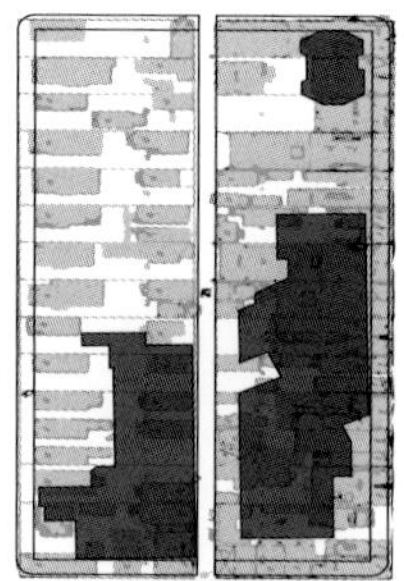

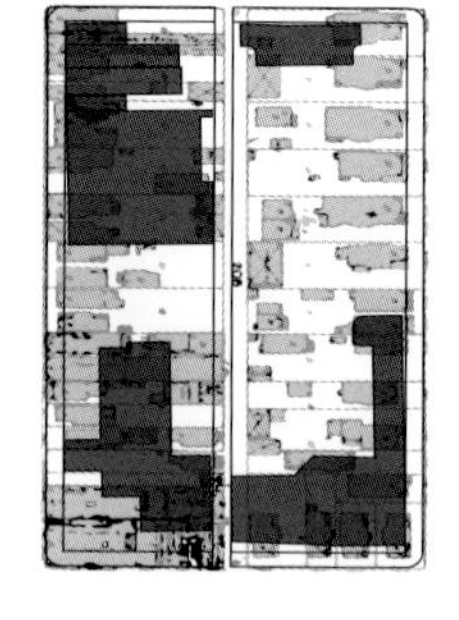

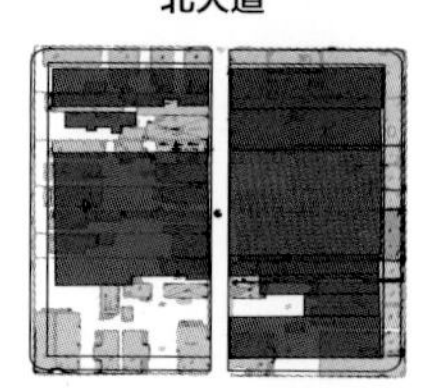

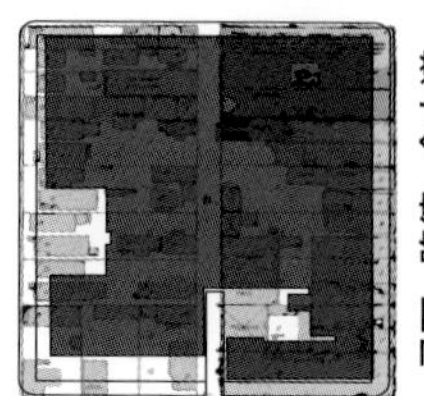

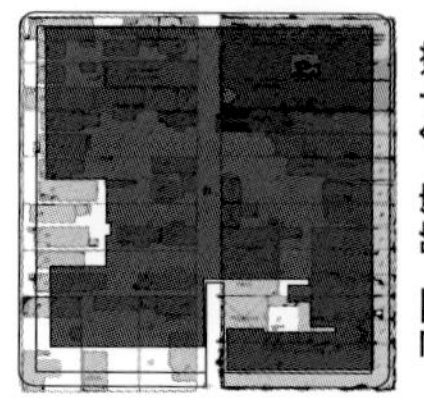

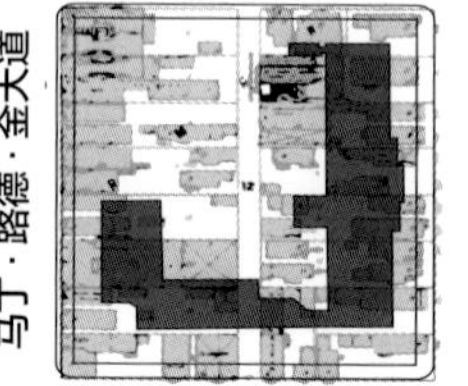

→ 历史分析

该图显示了历史建筑情况，将其作为当前建筑街区底层（渲染为灰色）表示出来。

↓ 分析表达

这些轴测图描述了剖切地形，然后建设一系列挡土墙来维护土壤的过程。

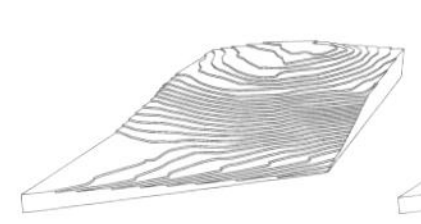

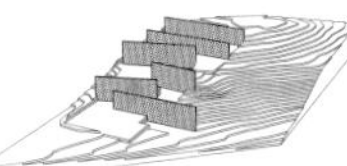

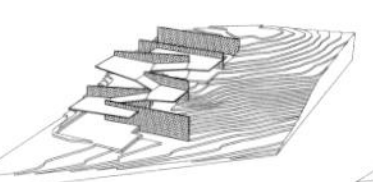

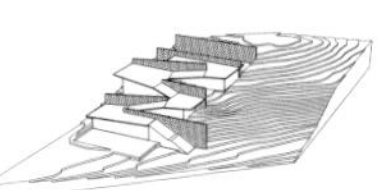

建筑分析的重要概念

- 设计方针
- 体量
- 结构
- 动线
- 轴线
- 对称
- 尺度与比例
- 平衡
- 控制线
- 采光性
- 节奏和重复
- 视线
- 局部到整体
- 几何关系
- 层次结构
- 用地范围
- 空间关系

塞尔加斯 · 卡诺

由何塞 • 塞尔加斯（Jose Selgas）和卢西亚 • 卡诺（Lucia Cano）创立的西班牙建筑公司塞尔加斯·卡诺与 HelloEverything 公司，一同为丹麦哥本哈根的路易斯安那艺术博物馆设计了蛇形画廊 2015 年夏季展馆和一个临时展馆。2015 年的路易斯安那州哈姆雷特馆后来改建为内罗毕一个贫民窟中 600 名儿童的学校。设施的临时性特质使其易于拆解、包装，然后再重新组装。

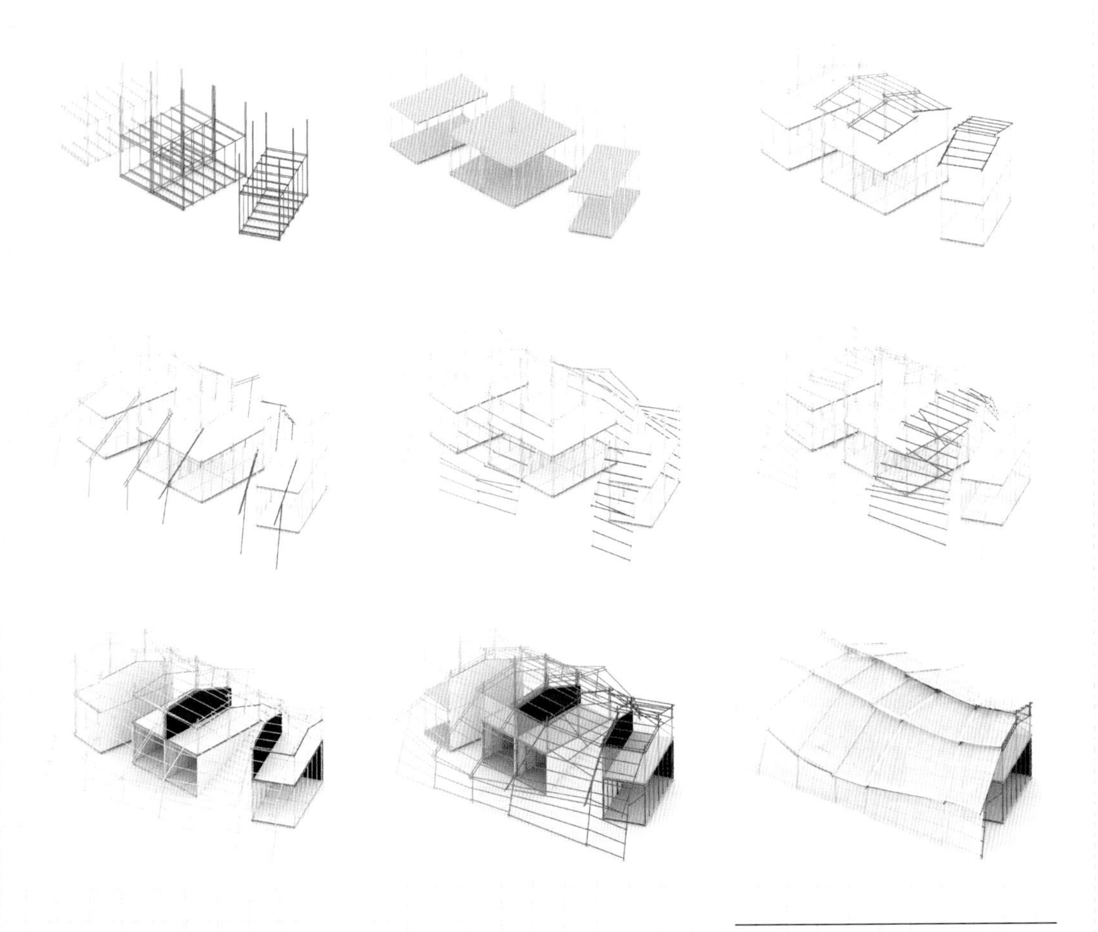

↑ **图解设计**

一组图解不仅展示出结构组装的方法，还揭示了其构造逻辑。局部的关系和组合的层次结构的意义非常明显。

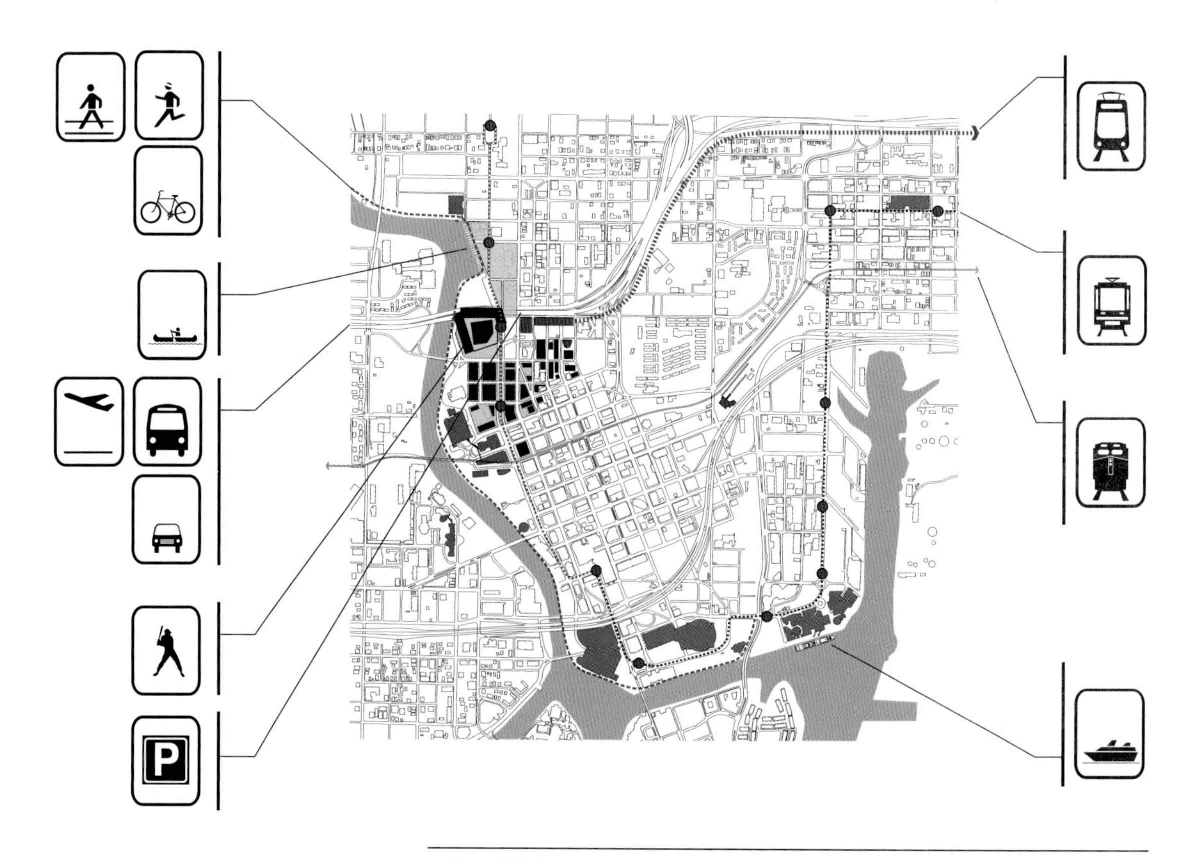

↑ **标志性图纸**

在这幅图解中，图标的使用让图纸在视觉上更清晰，单纯用文字是做不到的。图标超越了语言的壁垒，可以缩放到更小的尺寸，而字体缩放则无法辨认。它还在视觉上让人愉悦——图标表述清晰。

数据收集与分析不同，数据收集是对现有信息的识别，分析需要对数据进行解释。这意味着数据要通过记录、绘图和建模过程进行转译。分析通常在图解中以图形的方式进行描述。

分析为制定设计决策提供了框架。在设计过程开始时，分析可用于研究场地、方案和形式的可能性，并表达概念性构思。在设计过程的中间阶段，分析可用于理清和加强构思。在设计过程即将结束时，可以使用分析来解释设计的理念基础，尤其是在汇报阶段中。

设计理念可以在分析表达和图解中得到综合。这可以让受众快速地理解这个理念。在复杂的项目中，通常使用图解进行整体解释，而不是将项目的每个方面一次性地展示出来。

“设计方针”是用于描述项目主要理念的术语，可以在图解中表达出来。项目可以有很多个理念，但通常只有一个设计方针。

城市分析的重要概念

- 图底关系
- 街道模式
- 街道剖面图——水平方向及垂直方向
- 尺度形态或空间的层次结构
- 土地利用
- 类型学
- 邻里关系改变了路网、街道形式、建筑类型
- 透视关系——视角
- 边界条件、表皮和材料
- 天然与人工
- 历史
- 类型和方案
- 开放空间
- 公共绿地及建筑
- 通道——行人、车辆及其他
- 邻接距离
- 动线——车辆及行人
- 人行道的使用
- 人的活动
- 水元素
- 气候——日照角 / 日照阴影

↓ 方案分析

图中所示的一系列图解是一所 K-8 学校的方案分析。

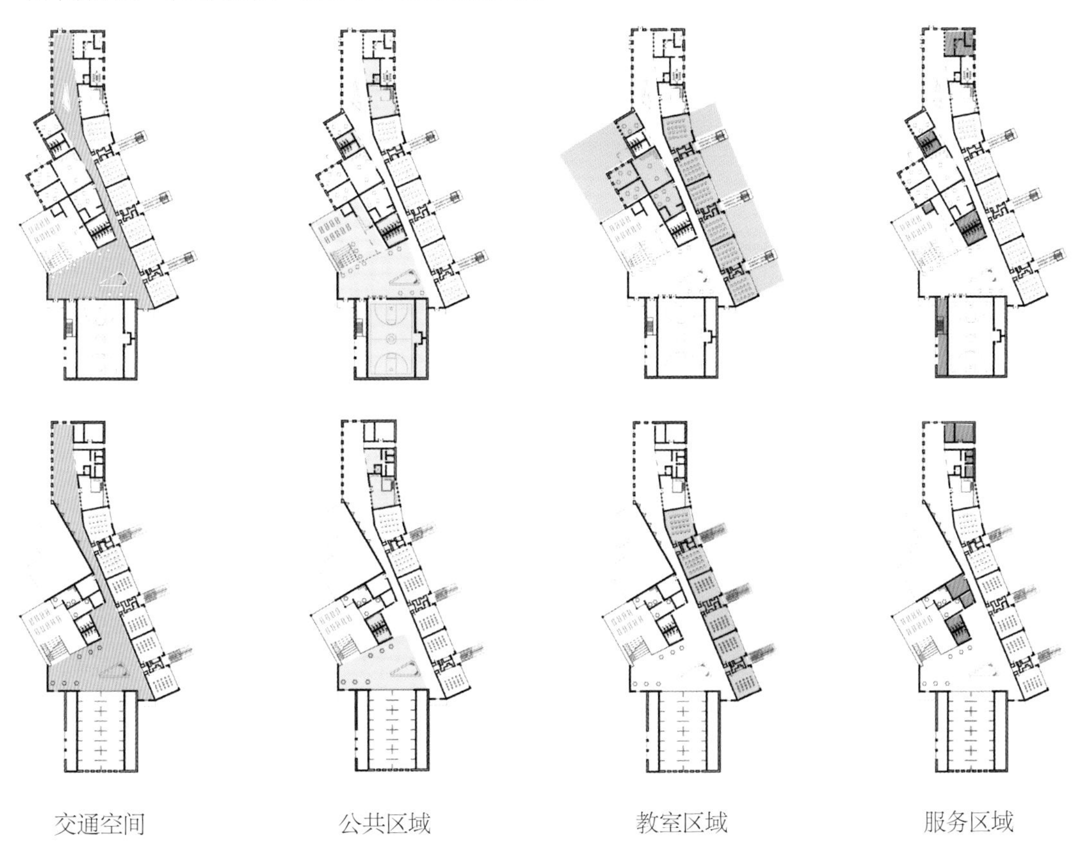

交通空间　　公共区域　　教室区域　　服务区域

第23单元　认识埃尔·利西茨基

构图有一个次序：要么含蓄，要么明确。这种次序源自于几何学。

埃尔·利西茨基是著名的俄罗斯实验艺术家，其抽象、非写实的艺术作品为20世纪初期的至上主义艺术运动做出了贡献。他的作品被称为“普朗恩”（为了新艺术），是二维和三维的、几何形式的抽象。他用艺术创造世界，而不是用艺术描述世界。

利西茨基1890年生于俄罗斯的波奇诺克，是20世纪初最有影响力、最具争议的实验艺术家之一。他从事的职业包括建筑师、画家、设计师、讲师、理论家、摄影师，以及维特伯斯克人民艺术学院的图形艺术、印刷及建筑学研讨会负责人。

俄罗斯艺术家卡西米尔·马列维奇（Kazimir Malevich）对利西茨基的作品产生了重大影响。当时，马列维奇开发了一套抽象艺术的二维体系，由直线和彩色形状组成，分布在白色的中性帆布上。这种正方形和矩形在页面上自由漂浮的动态排列模式，被称为至上主义。至上主义挑战传统表现世界的形式。由于利西茨基接受了至上主义运动，他的作品避开了绘画中的传统重力。他用轴测图作为图形工具来展示他对非层次结构和无限空间的兴趣。

利西茨基除了是一位多产的画家之外，还是一位创造了摩天大楼、临时性建筑结构的有远见的建筑师，包括列宁演讲台（Lenin Tribune）。

“每种形式都只是一个过程的凝固瞬间。”

——拉乌尔·海因里希

（Raoul Heinrich，法国）

↑ **二维几何形式**

利西茨基通过对比元素的形状、比例和纹理，并同时允许存在多个视角，在画布上制造出了紧张感。

↓ **构图**

彼埃·蒙德里安（Piet Mondrian）绘画的构图分析，注重结构、色彩、布局及形状。

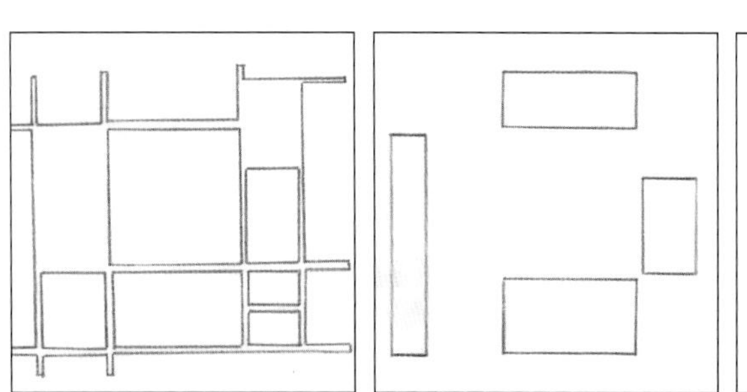

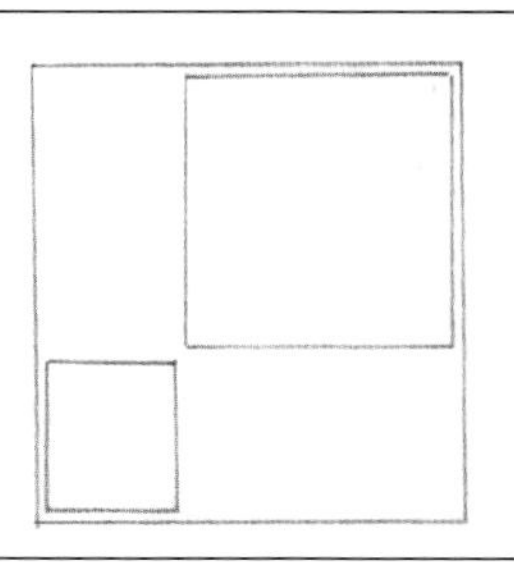

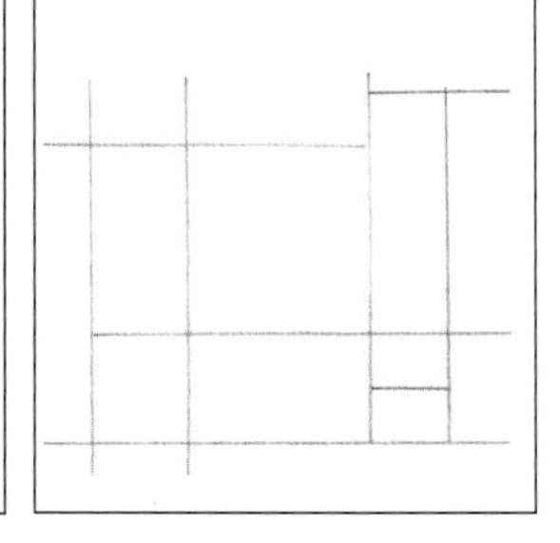

作业 14　分析“普朗恩”

该作业以 20 世纪包豪斯运动的传统为基础，利用分析创造出一个由二维的埃尔·利西茨基“普朗恩”产生的新的三维物体。先想象一下，“普朗恩”画布以外的东西是单纯的画布挤出体，还是将“普朗恩”转译成的其他东西。

摘要

找一个利西茨基的“普朗恩”作品，将其转译成三维形式。以三维的形式分析并建模，然后构建“普朗恩”转译定型的一系列正投影。

作业要求

转译是诠释，而不是对画作的再创作。这是一个推敲的过程，就像写作一样，需要多次编辑和调整来支持概念性构思——在这个作业里指的是构图。

最终要求

对正投影立面图及轴测图进行构图，用铅笔在仿羊皮纸上绘制终稿：

- 平面图
- 剖面图
- 轴测图

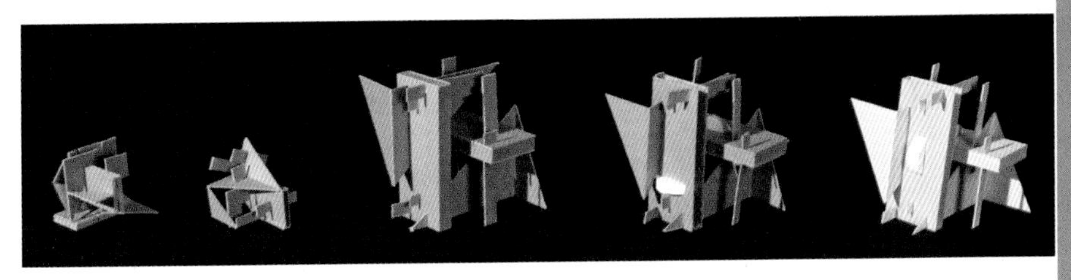

↑ **模型系列**

从研究模型到最终展示模型的一套完整模型系列。

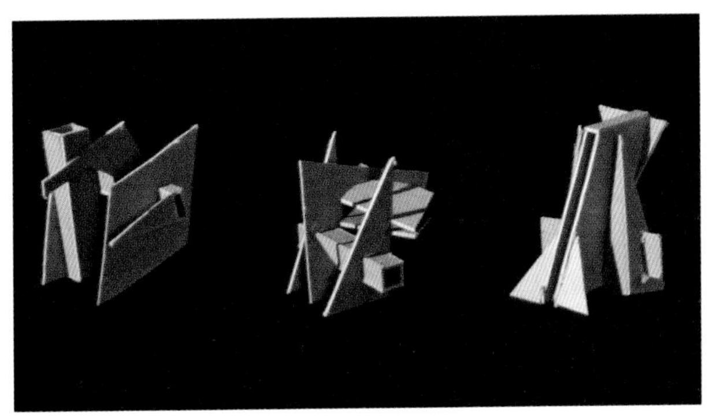

↑ **“普朗恩”研究**

由“普朗恩”分析得出的三种形式研究。

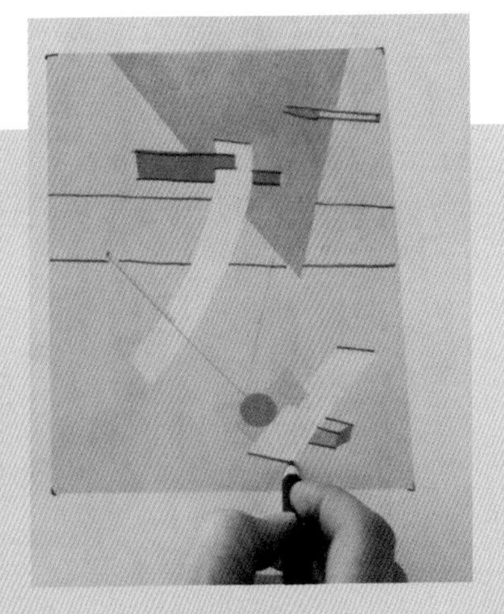

过程

1 找一个用来分析的“普朗恩”。在其上放置描图纸并调整“普朗恩”图像尺寸，使其在纸面上尽可能大，尺寸为 8.5in×11in（21.6cm×27.9cm）。通过检查几何、尺度、比例、透明度、层次结构、深度、图层及色彩来单独分析图像元素。

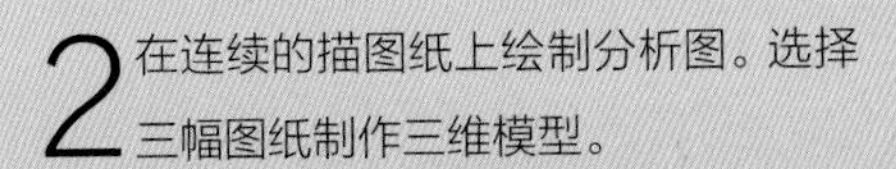

2 在连续的描图纸上绘制分析图。选择三幅图纸制作三维模型。

3 使用硬纸板制作每个分析图的实体模型。模型应该能放入边长为 3in（7.6cm）的立方体中。用小尺度进行构思研究，尤其是在调研方向确定之前对新理念进行测试的时候。最后，用你的分析模型制作一个新的模型，该模型应为边长 6in（15.2cm）的全尺寸模型。

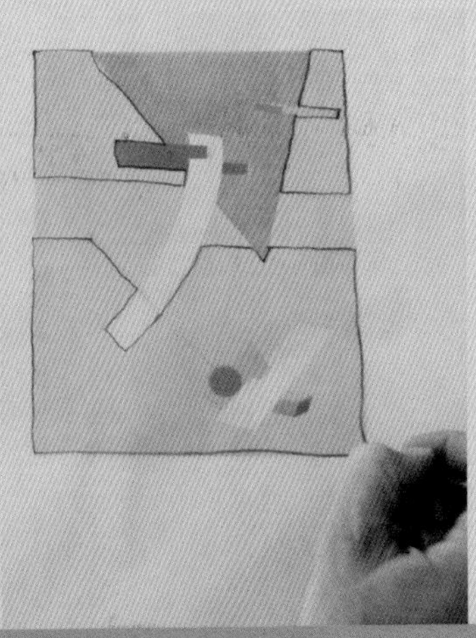

第 5 章

主观表现：透视图
SUBJECTIVE REPRESENTATION: PERSPECTIVE

本章详细介绍了绘制透视图的技巧、历史重要性及其在各个时期的运用。

15 世纪，菲利波 · 布鲁内列斯基（Filippo Brunelleschi）通过在佛罗伦萨大教堂放置镜子和绘画作品展示了透视结构。尽管布鲁内列斯基所使用的具体表现手法无人知晓，但据推测，他是最早应用线性透视法来描绘三维空间的人之一。莱昂 · 巴蒂斯塔 · 阿尔伯蒂（Leon Battista Alberti）是文艺复兴时期最伟大的学者之一，后来撰写并发表了一篇关于线性透视结构的论文《论绘画》（*Della Pittura*）。

透视结构将三维空间转译为二维平面。它是一种主观表现形式，通过二维图像模拟空间、建筑物或物体的体验。绘制过程遵循一系列适用于各种透视类型的设定规则，包括一点透视、两点透视和三点透视。

从个人的角度来看，透视描绘了视觉体验和空间感知。虽然透视图和照片一样不能模仿人眼的复杂性，包括周边视觉和双眼视觉，但透视是一种非常接近人类视觉的可接受的表现工具。

第24单元　透视概念

透视结构是从三维世界到二维平面的转译。

透视图与其他三维图（例如轴测图）的不同之处就在于，它是主观的。透视图是从观察者的视线高度构造的，该视角从一个单一静止点看向特定方向。如第 20 单元中所述，轴测图是客观的、抽象的三维图像，不代表真实世界的视角。其线条保持彼此平行，因而在图纸中保持客观中立性。相比之下，透视中的平行线会聚到一个点，模拟观察世界的特定视角。在透视结构中，相同高度的元素，与观察者距离远的，看起来小于与观察者距离更近的。另外，为了表达纵深，与观察者不平行的物体的线条会被压缩。

透视结构需要考虑观察者与被观察对象之间的关系，以及观察者朝向物体的视觉角度。

设计应用

透视图可用于开发设计构思。把描图纸覆盖在构建的透视图、照片或数字图像上，巧妙地处理与观察者体验相关的元素和空间。理解平面图与透视图，或正投影图与三维表现之间的关系，是以居住者现实情况为基础的建筑设计的关键。

↓ 关键概念

在这个木刻版画中，阿尔布雷特·丢勒展示了构建透视图所需的一些关键概念。网格画面上标记与视线交叉的位置，关于人体的信息就转译到了网格纸上。

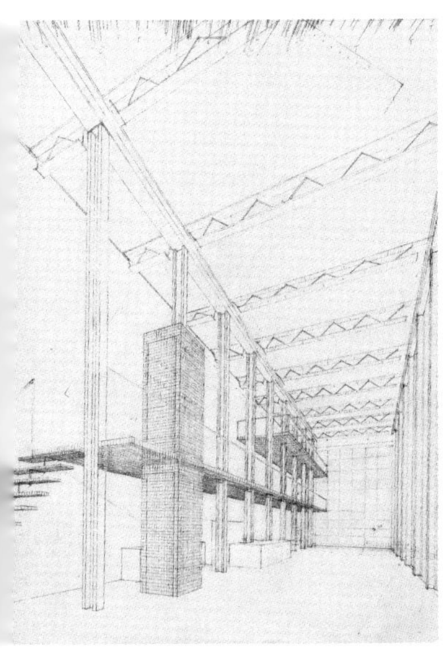

↑ 可见的作图线

这种用铅笔在仿羊皮纸上绘制的透视图的作图线，增强了其手绘特征。

↑ 比例人像

托马斯 • 伊金斯(Thomas Eakins)将赛艇运动员拼贴进了该铅笔透视图中，提供了比例参考和环境背景。

↑ 成对图像

左侧的一点透视图和右侧的两点透视图突出显示斜坡通道。经过配对图像，可以通过关键景观和精心设计的视觉序列看到如何在空间中移动。

透视术语

视点（SP）

观察者在空间中的位置。

画面（PP）

与视锥相交的透明平面，接收被投射的透视图像，并垂直于观察者的视线。画面在二维图像中转化为与平面图相交的水平线。其在平面图中相对于视点的位置会影响图像的大小。

视线（SL）

在视线高度，从视点延伸出去，穿过画面到达物体（见左侧丢勒的作品）。在视线与画面相交处，出现透视图像。

视平线（HL）

视平线表示了平均身高的观察者的视线高度。按照惯例，视平线建立在距离地面 5ft（1.5m）处。可以夸张强调儿童视角的视平线高度为 2ft（0.6m）；坐在椅子上的人的视平线高度为 3ft（0.9m）；或者位于二楼阳台的人的视平线高度为 15ft（4.5m）[计算：一楼高度 10ft（3.0m）+ 从二楼地面到眼睛 5ft（1.5m）]。

视锥（CV）

圆锥体积表示了视点处的可视区域。该视野通常被认为是以眼睛为顶点的 60° 圆锥形。由于人类具有双眼视觉，因此复制视觉是很难的，而透视图像反映的是单眼视觉。因此，视锥只是构建透视图像的向导。如在画面中构建 60° 视锥之外的线条或元素则会出现扭曲。

测量线（ML）

这是唯一一条可以作为真实维度进行测量的线。任何垂直方向的测量都可以通过这条线进行。它通常被标记为画面和平面图相交处的垂直线。

灭点（VP）

灭点是平行的水平线汇聚在视平线上的点。每组正交线可以有一个、两个或三个灭点（在三点透视结构中，与垂直线结构相关的第三个灭点不在视平线上，但仍在画面上）。在两点透视图中，位置上与视平线不平行的每组正交线，都有两个灭点。与正交线平行的所有直线都会退回到同一个灭点上。所有不平行的线都会有一组不同的灭点。通过新的灭点或将点转移到平面图上，或定位端点并将各点相连，来定位非平行元素。

第25单元　两点透视图

绘制难度不同的透视图有许多不同的方法。这里讲述的方法使用平面图作为绘制的基础。同样的原则也可以应用于手绘草图透视图上。

建立两点透视图

考虑绘图的意图或重点，需要传达什么，这会有助于你确定站的位置，从什么高度看，以及要强调的设计角度。

一点透视图通常用于强调沿单个轴线的强大空间，而两点透视图则提供了更动态地观察空间和对象的方法。三点透视图通常用于表现高层建筑。要选择正确的透视图类型来表现建筑意图。

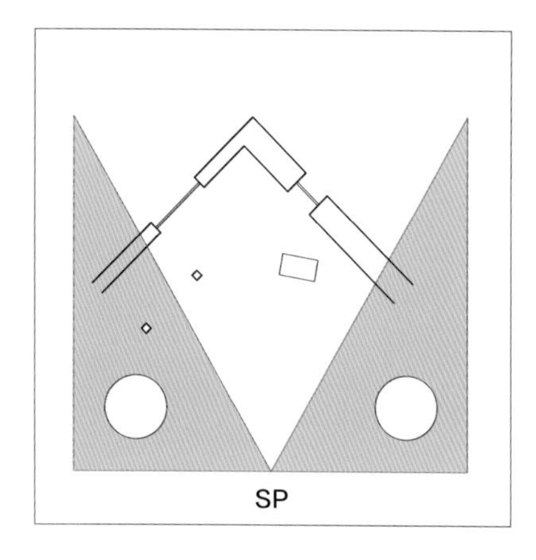

1 用两个30° /60° /90° 三角板建立视锥。两个三角板的交点表示视点（SP）的位置。用胶带固定平面图，并在上面放一张大描图纸或仿羊皮纸。调整纸张位置，使其覆盖整个平面图，并在底部为图像留出空间。

阅读书目！

程大锦
（Frank Ching）
《设计绘图》
（*Design Drawing*）
约翰威立出版公司
（John Wiley & Sons）
2010 年

余人道
（Rendow Yee）
《建筑绘图类型与方法图解》
（*Architectural Drawing: A Visual Compendium of Types and Methods*）
约翰威立出版公司
（John Wiley & Sons）
2012 年

LTL 建筑事务所
（Lewis.Tsurumaki.Lewis）
《机会主义建筑》
（*Opportunistic Architecture*）
普林斯顿建筑出版社
（Princeton Architectural Press）
2007 年

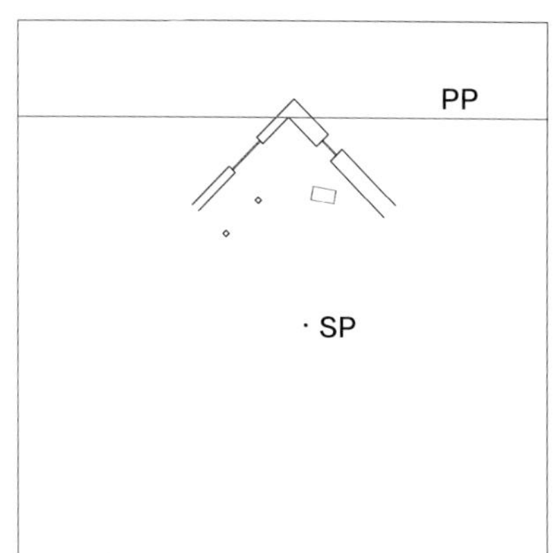

2 确定画面（PP）的位置。为了便于绘制，该水平线应该与平面图上的点相交，优先选择平面图的一个角，而且是在透视图中能看到的角。

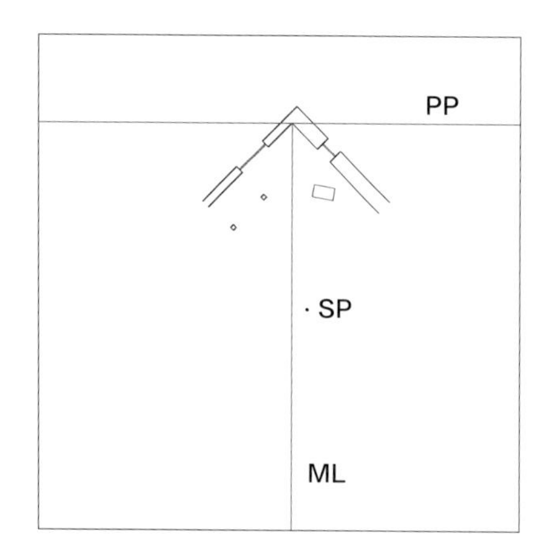

3 从画面和平面图的交点处画一条垂直线，建立测量线（ML）。该线应延伸到为绘制图像留下的空白区域内。

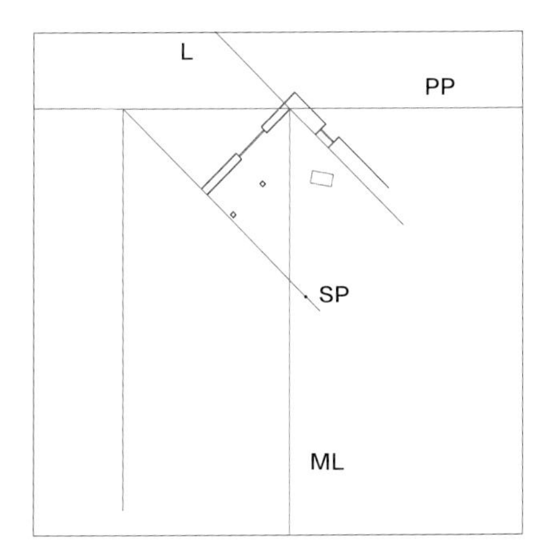

4 开始确定灭点（VP）的位置。从视点起，用可调节的三角板画一条平行于平面图中直线L的作图线，与视点相交且穿过画面。另一侧直线R同理。

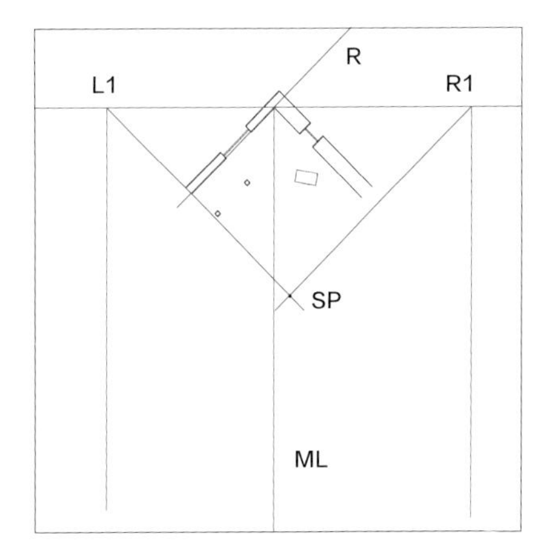

5 与画面的交点处标为L 1和R 1。在R1处，即作图线与画面的交点处，画一条垂直于画面的作图线，延伸至页面的空白区域。L1处同理。

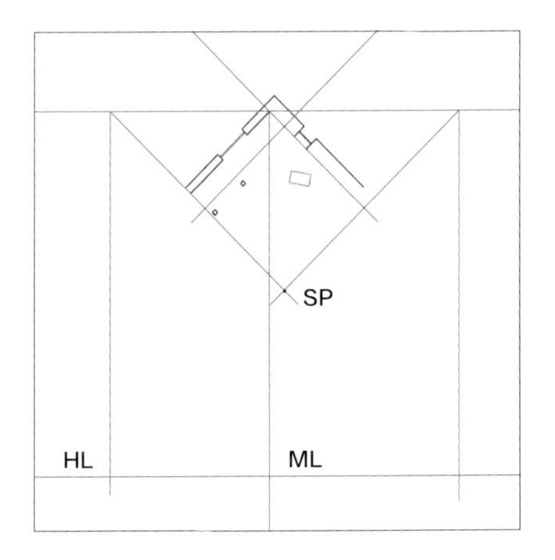

6 建立视平线（HL）。将视平线定位在平面图与页面底部之间，这可以给构建透视图留出充足的空间。视平线是一条与画面平行的水平线。

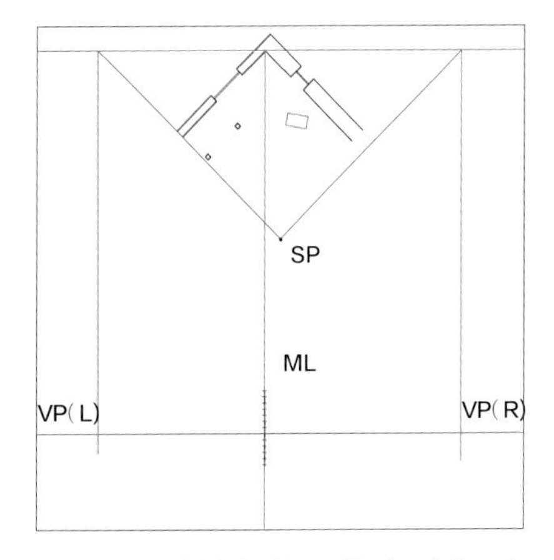

7 当L1和R1的垂直线穿过视平线时，建立灭点（VPs），称它们为VP（R）和VP（L）。测量线也应与视平线相交。该交点为站在视点的观察者建立视线高度的位置。如果该观察者站在地面上，那么视平线高度为5ft（1.5m）。

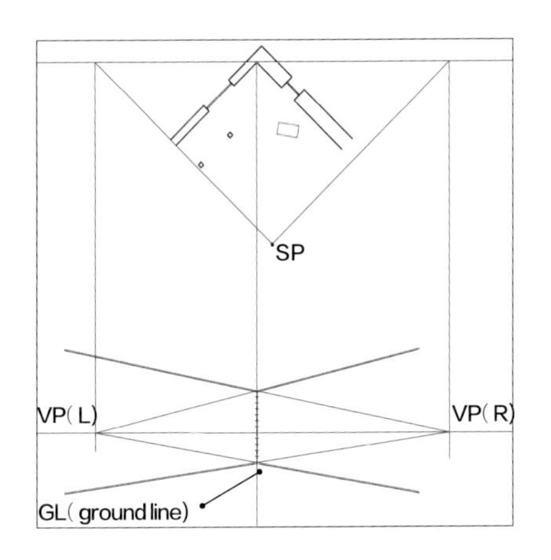

8 在视平线上下标记出一系列1in(2.5cm)的间隔。沿着测量线，将基线（GL）标为0ft(0m)，并标注测量线上的最高尺寸。绘制墙壁以建立空间的框架，平面图中平行于线R的线后退到VP（L）。从0ft(0m)和墙在测量线上的高度［此处为10ft(3.0m)］延伸到每个灭点，形成墙壁。

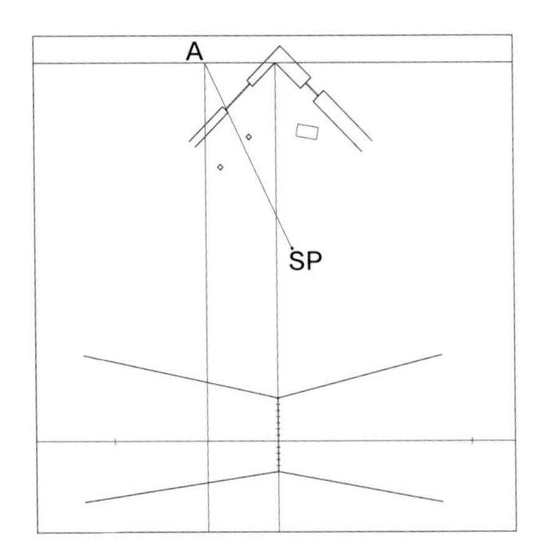

9 按两步法进行操作，获得垂直信息。绘制一条与视点及平面图上的任意点相交的作图线，并继续延伸，使其穿过画面（在画面处标为A点）。

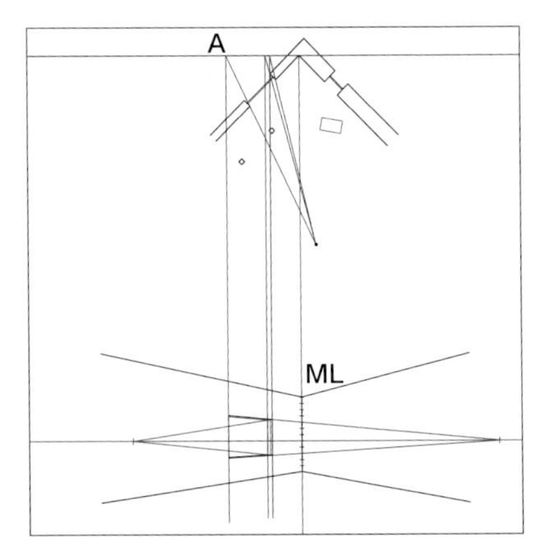

10 绘制第二条作图线，从A点（第一条作图线和画面的交点）开始，垂直于画面进入透视图像区域。用给定的元素重复此步骤。绘制从灭点引出的线，穿过测量线上的高度线到达这些垂直线。

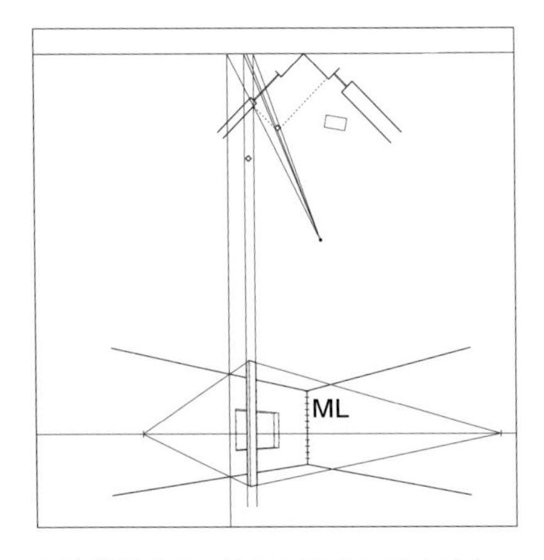

11 重复这样的步骤：从平面图获取垂直信息，从测量线获取尺寸，从灭点引出线。对于不在测量线上的元素，高度只能通过辅助面获取。详见第98页的“辅助面”。

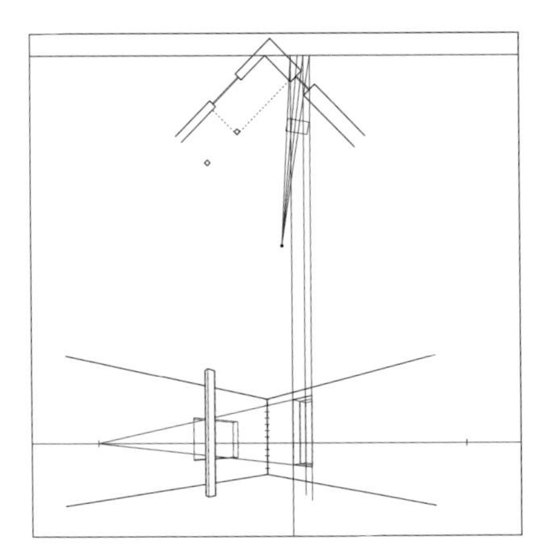

12 对每个元素重复上述操作。

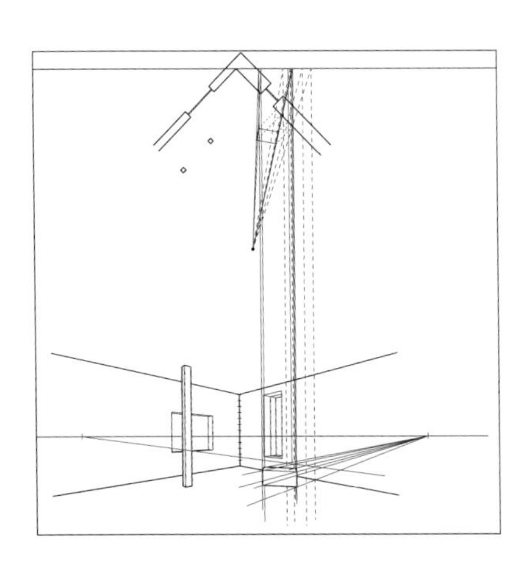

13 如果所有垂直的测量与测量线不直接相连（如本图中的箱子），则必须转换成沿物体表面进行测量。也就是说，从接触测量线的墙壁上分离的物体，其垂直测量必须通过一系列垂直平面转换（即使这些平面不作为实际表面存在于设计中）。

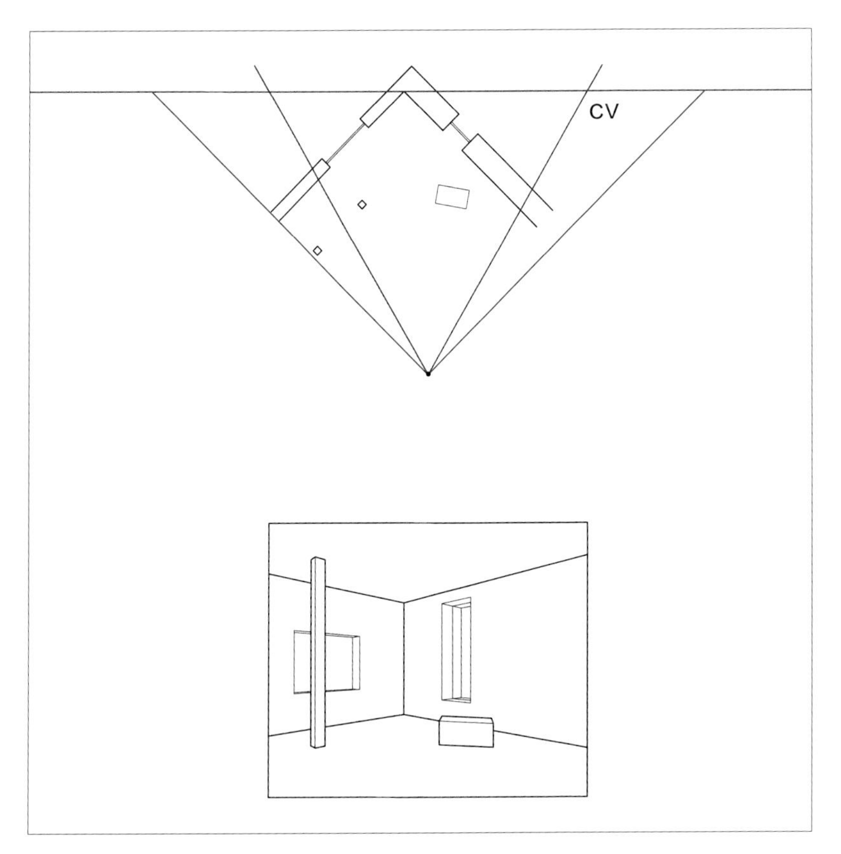

14 完成透视图。视锥（此处显示为蓝色）确定了透视图周围的框架。

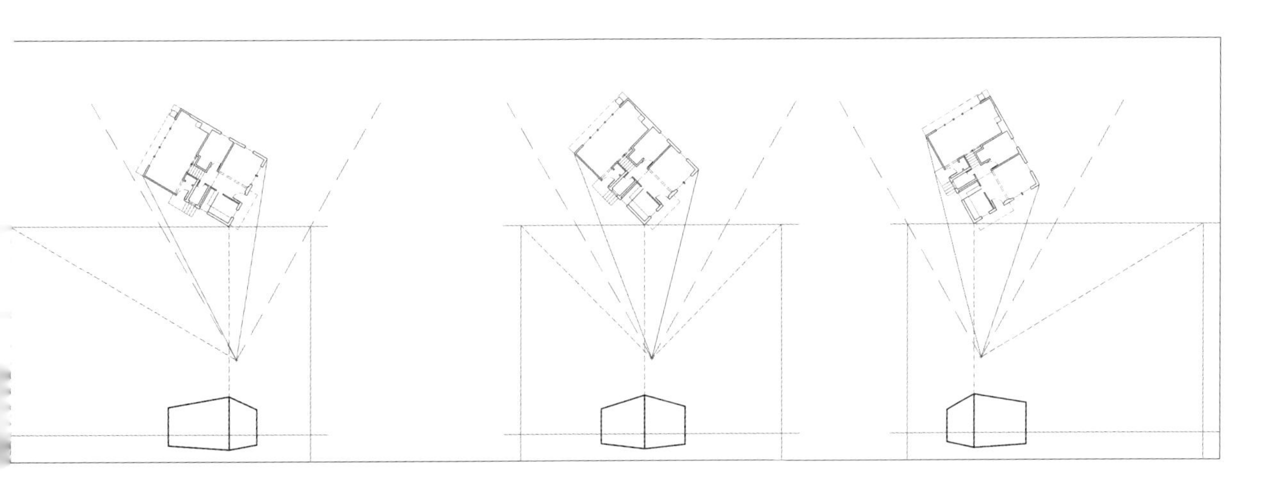

↑ **调整平面图**

根据视点调整的平面旋转，确定了透视图中应强调的那些表面。

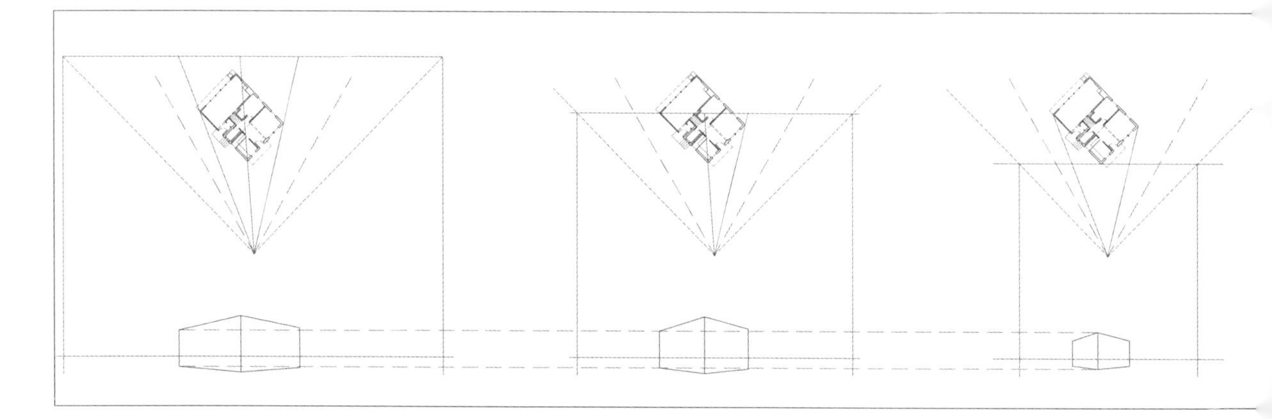

↑ 移动画面

画面的位置决定了各灭点之间的相对距离。当画面离开视点时，各灭点会分散开。画面与平面图相交的位置决定了测量线的位置。如果测量线绘制在平面图的前面，则图像退入后面。如果测量线绘制在平面图的后面，则图像突出到前面。

↓ 移动视平线

当观察者眼睛的位置从 5ft（1.5m）变为 20ft（6.1m）时，物体的投影图像从鸟瞰图 +20ft（+6.1m）变为虫眼视图 −20ft（−6.1m）。注意，透视图中的所有人，无论距离远近，只要是站在同一个地平面上，其视线高度都位于视平线上。

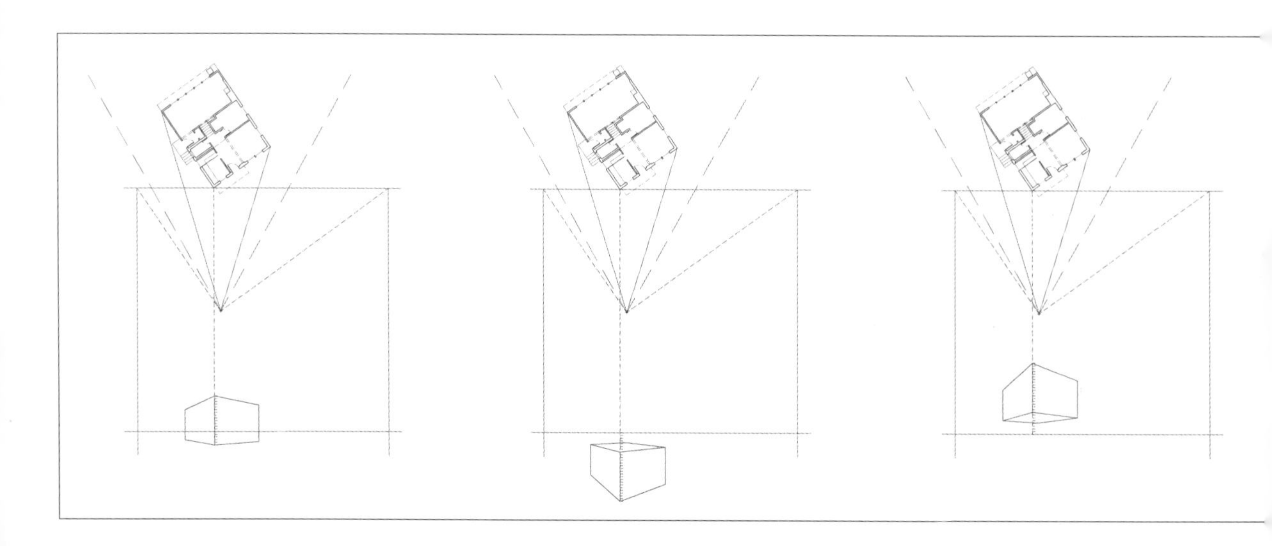

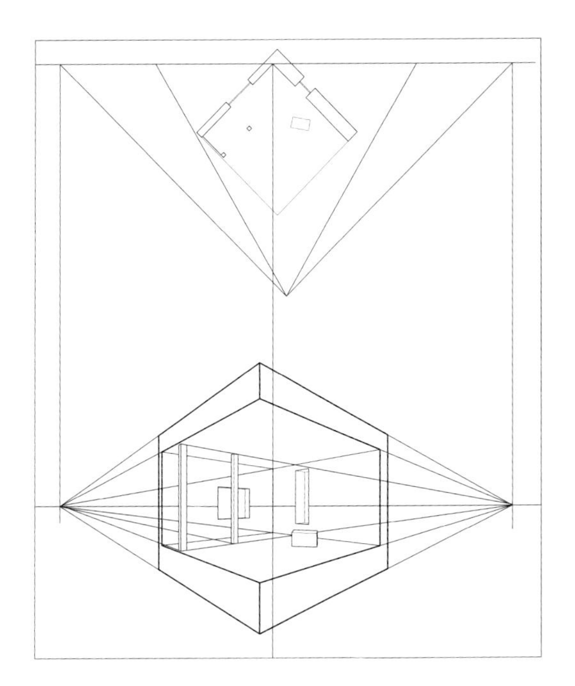

← **视点位置**

如果透视图的视角是一个人站在室外向室内看，就会看到房间周围的情况。当视点位于房间外部时，可以表现墙壁及地板厚度。注意：45° 仅用于演示。平面图可以旋转到任意角度，所选的角度应捕捉到所需要的视角。

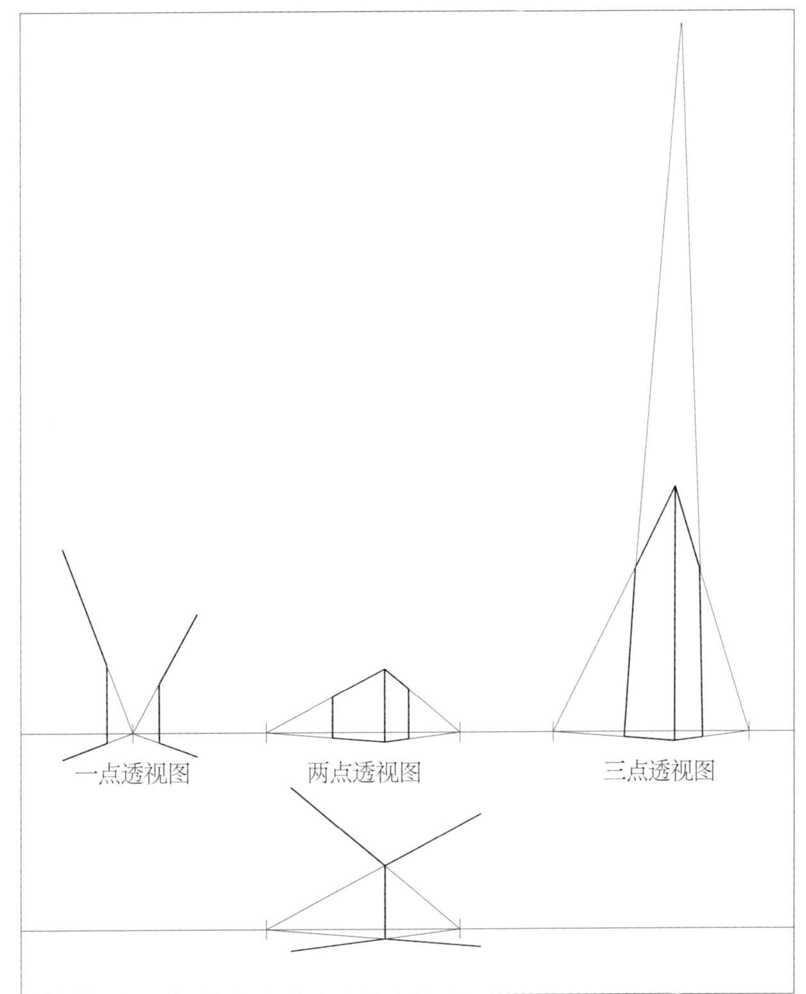

→ **透视图类型**

透视图包括一点透视图、两点透视图（含凹视图和凸视图）和三点透视图。

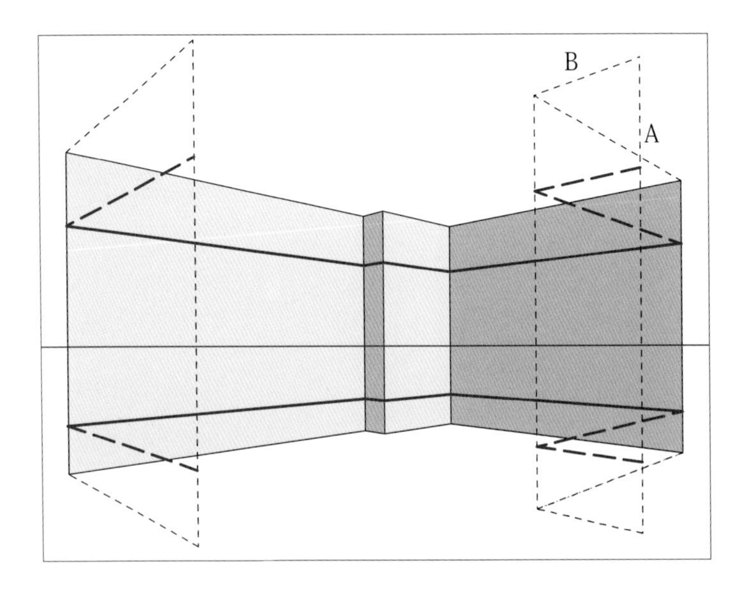

← **辅助面**

辅助面用于将尺寸从测量线平移到透视图的其他表面上。如果墙 A 不存在，但你需要墙 B 的高度，则要将高度信息通过辅助面（墙 A）平移到墙 B。

透视图小贴士

构造的透视图的各组成部分之间的一系列关系确定了绘图的结果。

视点和画面之间的关系确定了所绘图像的实际大小。画面距离视点越远，图像越大。视点和画面可以彼此独立地移动。

将视点远离物体会影响物体的透视缩短比例。视点的移动会导致各灭点彼此距离更远。该距离可能会使绘图表面受到限制。

平面图相对于视点和视锥的定位 / 旋转确定了在透视图中能够看到的元素。

通过测量线与视平线的交点确定视线高度。通常位于离地面 5ft（1.5m）处，但是当需要俯视图或鸟瞰图时，视平线要向更高处移动，而在仰视图或虫眼视图中，视平线更低。

先用草图绘制透视图。草图提供了绘图的基本结构元素。

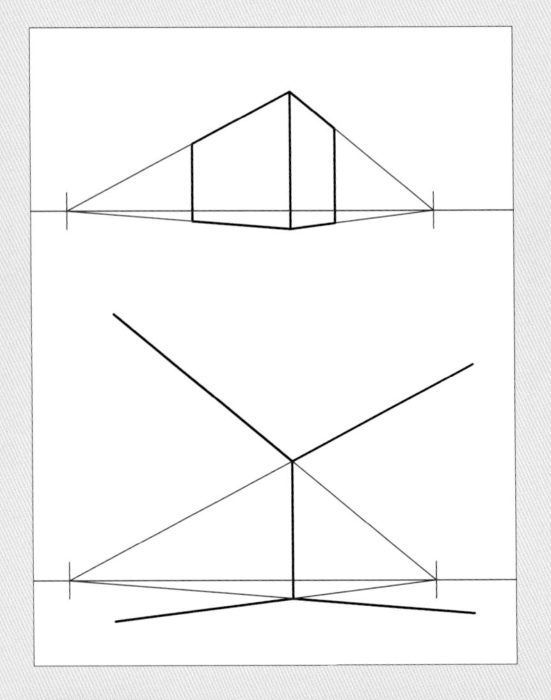

凹面和凸面

在两点透视图中，退缩线的组合既可以是凹面，也可以是凸面。凹面显示空间内部的视角，而凸面则显示空间外部的视角。尽管退缩线的特定角度可以变化，但是这些凹凸体系可以用于绘制所有透视图。

第26单元　一点透视图

一点透视图结构与两点透视图结构的不同之处就在于，与画面平行的线不会相聚，而是延伸到无限远。

由于其平行特性而不可能相交，因此可以用平行直尺绘制平行于画面（PP）的线。一点透视图被认为比两点透视图更静态，尤其是设计本身呈对称效果时。一点透视图只有一个焦点，通常用于表现俯视街道或长空间的视角。通常，一点透视图聚焦于墙壁之间的空间，而两点透视图聚焦于构成空间的表面。

所有透视的构建都要在绘制透视图之前确定意图，即需要强调什么。在两点透视图中，这些决定有助于确定站立在哪里，在什么高度观察，以及要观察物体的哪个部分。

在一点透视图中，平面与画面平行放置，只有一个灭点与视点对应。视角是对准垂直于画面的空间。

阅读书目！

欧文 · 潘诺夫斯基
（Erwin Panofsky）
《作为象征形式的透视》
（*Perspective as Symbolic Form*）
区域出版公司
（Zone Books）
1997 年

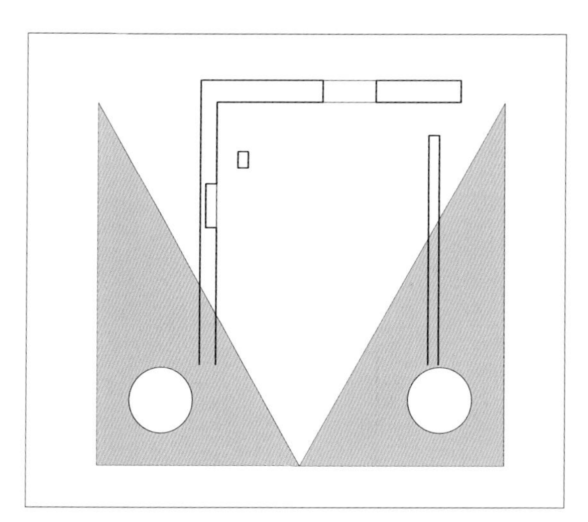

1 旋转平面图，使你要观察的墙面与画面平行。确定视点和视锥。视点距离墙面多远？将描图纸或仿羊皮纸放置在固定好的平面图上。

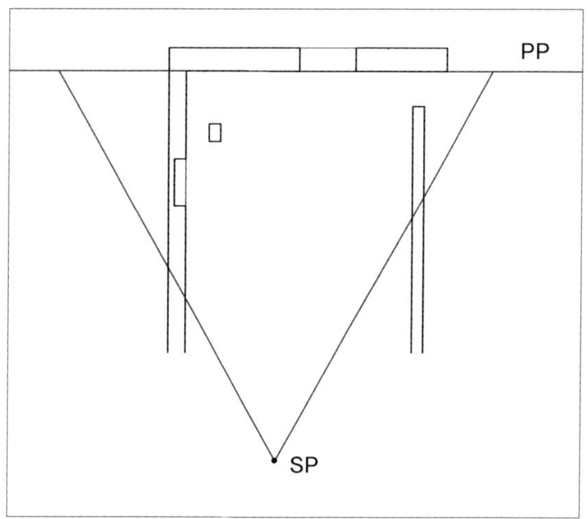

2 为方便构图，画出与背立面一致的画面。也就是说，分割画面的水平线应穿过墙壁前缘。蓝色线表示视锥。

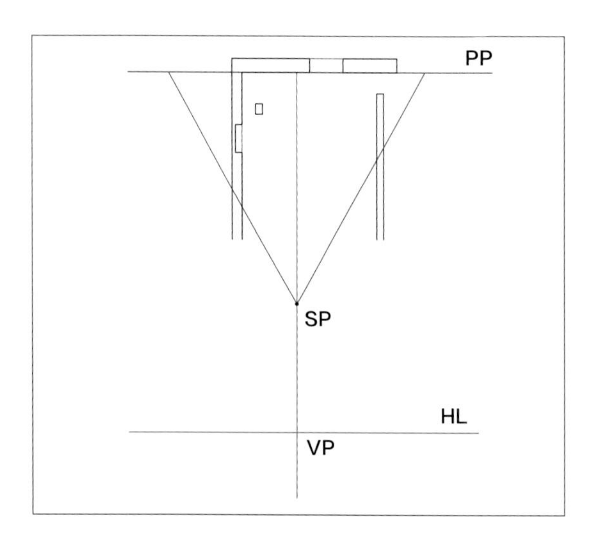

3 在立面图上定位视平线及灭点。灭点应该与观察者的眼睛看向空间的高度相适应，并且直接与视点在一条直线上。由于这是一个仅有一个焦点的单视角透视图，所以视角和灭点垂直对齐。

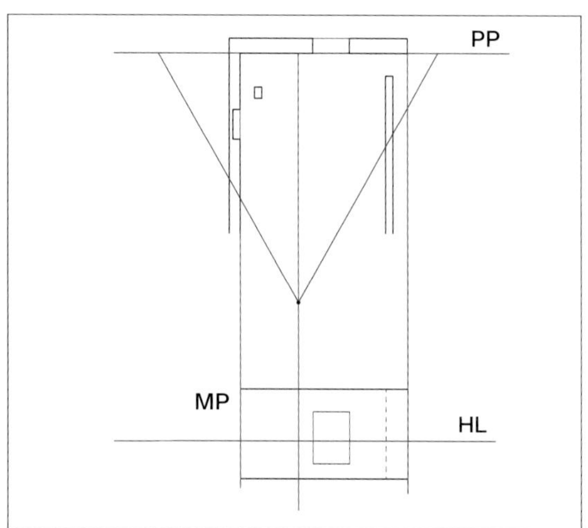

4 用与绘制平面图相同的比例，构建与画面位置相对应的后墙立面图。在平面图下方的空白处进行绘制。该立面可用作测量线（ML），或者，在这里也可称为测量面（MP）。

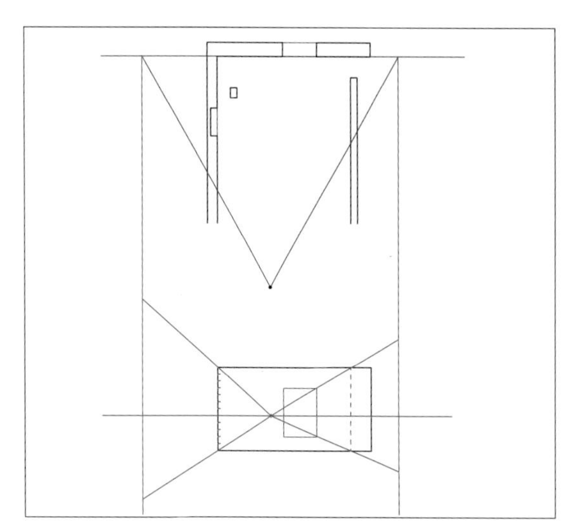

5 将灭点与立面图的四个顶点相连。将这些线延伸到立面图之外。这会给房间提供参数：墙壁、地板和天花板。

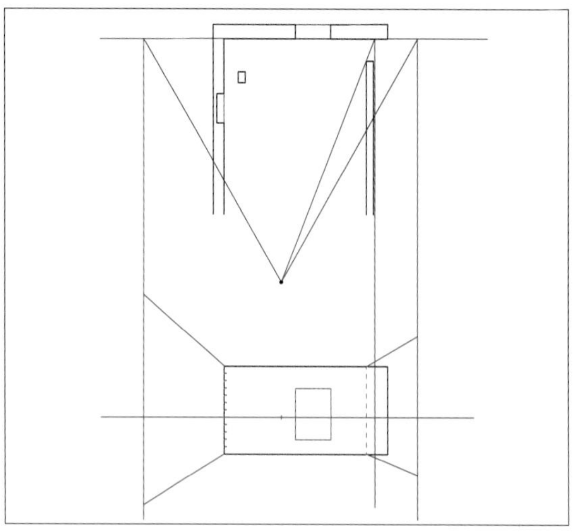

6 用与绘制两点透视图相同的方法绘制垂直线（参见第94页第9步）。方法：连接视点和平面图上的一点，在这条线穿过画面的地方画一条向下的垂直线。

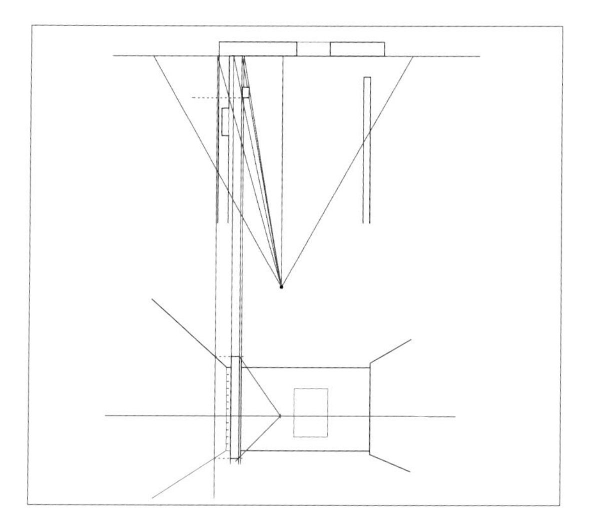

7 使用之前的方法（参见第94页第9步）继续描绘垂直信息。利用辅助面找出未连接到测量线/测量面的元素的高度。

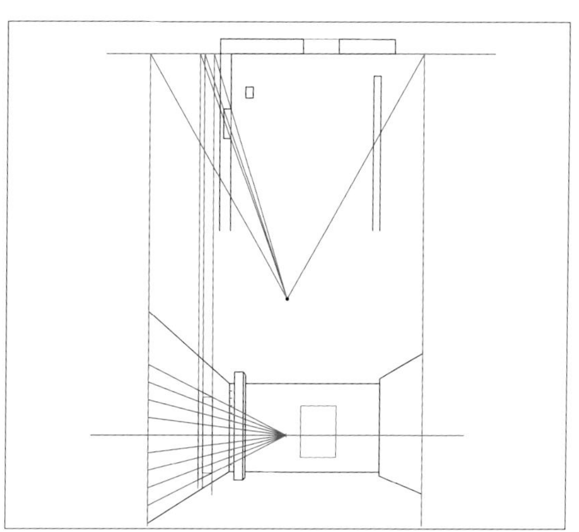

8 将垂直高度从测量面平移到与其不直接相邻的对象上。

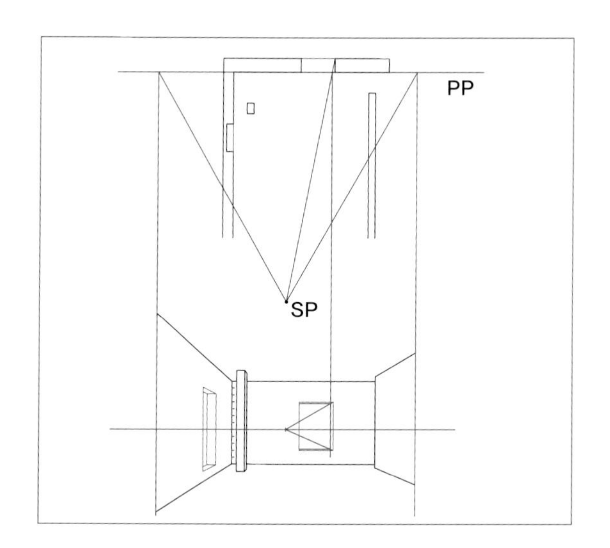

9 通过开启的窗户表示出墙的厚度。从视点到平面图上任意一点画一条线，这条线穿过画面，在交点处画一条向下的垂直线。利用测量面的尺寸来绘制退入灭点的各个墙角。

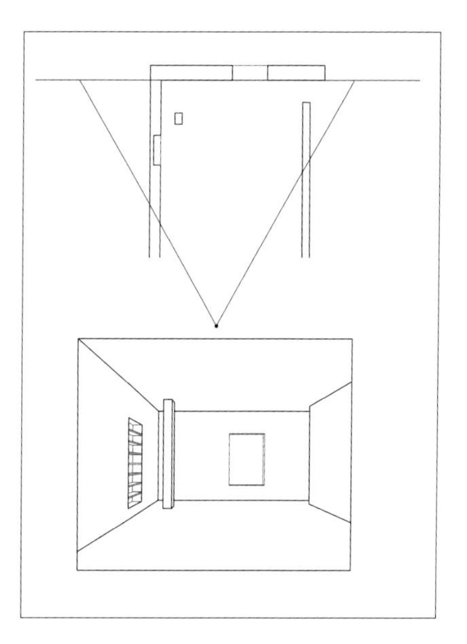

10 完成透视图。视锥确定了框架尺寸。

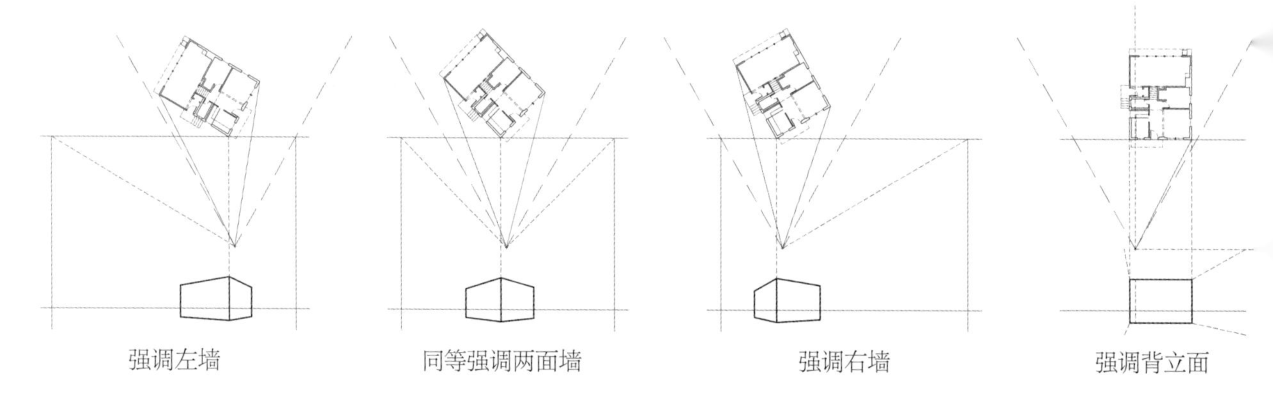

↑ **减少灭点**

理解灭点在两点透视图中的作用，为理解为什么一点透视图只有一个灭点奠定了基础。该图描述了如何旋转灭点把两点透视图转换为一点透视图。

犬吠工作室剖面透视图

冢本由晴（Yoshiharu Tsukamoto，日本，生于1965年）和贝岛桃代（Momoyo Kaijima，日本，生于1969年）是建筑公司犬吠工作室（Atelier Bow-Wow）的创始人。他们以拥有能够在难度较大的城市小型用地中建设的能力而闻名。在概念化过程和施工文档中使用剖面透视图，可以同时在数量和质量层面对项目进行表现。

↑ **剖面透视图**

该剖面透视图展示了一个宿舍楼，它的两个建筑体构成了室外庭院和活动空间。

← **三点透视图**

通过这个向上看的三点透视图，观察者的视觉焦点被引向了空中。

第27单元　剪辑透视图

视平线确定了地面停止的位置和天空开始的位置。它为页面给定了一个底部和一个顶部。

当完成一个透视图时，要考虑与你的设计和表现意图相关的页面布局。为了满足透视图，纸张是否需要进行裁剪或切割，或者是否需要在透视图周围绘制一个框将其容纳其中？视锥的极限在哪里？垂直方向还是水平方向？确保纸张上有足够的空间，使透视图不受影响。

← 制作框架 ↑

小学的室内透视图和室外透视图将透明材料表现了出来。儿童嬉戏及周围环境的图像被拼贴到背景中。圆形框架将焦点聚焦到位于图像中心的各元素上。这些图像在(Rhino)中建模,然后用 V-Ray 进行渲染，在 Photoshop 中添加了纹理(用于地面和天空)和环境背景（儿童、树木和鸟类）。

↓ 室内透视图

一所 K-8 学校的幼儿园空间的室内透视图突出了木结构和木墙表面。

↑ 室外透视图

在室外透视图中拼贴了现场照片和抽象人物。以上两个透视图是相同的，只是为了提供不同的焦点而采取了不同的裁剪。

↓ 透视图及背景的重叠

这些室外透视图在背景中拼贴了城市景观，同时描绘了建筑与景观之间的联系。作为表现视图和背景的延展性的一种手法，拼贴图像延伸到透视图的裁剪边缘之外。

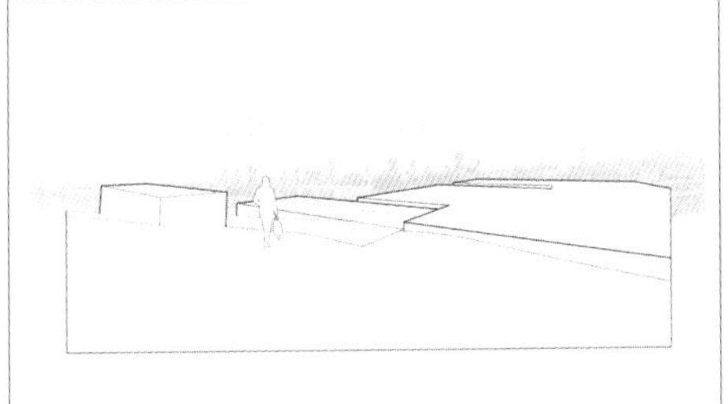

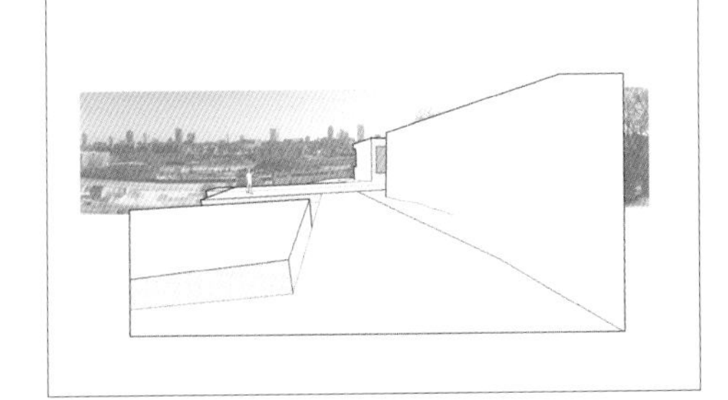

↑ 西岸工业工人俱乐部

在阿诗牌水彩纸上用铅笔绘制的这个两点透视图中，视平线定义了阴暗的天空和太阳反射的地平面之间的边界。阴暗的天空给人以末日逼近之感。这个由坡道而上的视角同时强调了悬浮建筑物的结构力量和精致品质。

垂直延伸

除了所有垂直线会聚到远处的灭点之外，三点透视图的构建方式与两点透视图相似。在构建仰视高层建筑或俯视深度空间的视图时，此技术非常有用。在任何情况下，要么画倾斜，要么物体相对于画面倾斜。在某种意义上，三个坐标轴在画面中都是倾斜的。

复制体验

透视图不仅仅是用于展示给客户、规划者或学者看的演示图纸。在整个设计进程中，它们通过空间和体验来验证平面图和剖面图的构思，是有助于理念发展的设计工具。

→ 空间表达

抽象人物突出了这所小学庭院空间的巨大。现场的环境图像被拼合到了背景中，而鸟类则作为比例图像被添加到了天空中。

第28单元 建筑元素设计：开口

通过在设计问题中设置限制（在这种情况下，指的是单个建筑元素），将重点放在设计决策的多样性上，这涉及元素的各个组成部分，以及这些组成部分在创作整个项目中的关系。

开始

设计不是凭空创作的。可以从现场的现状中获取想法和灵感。可以调查现状的各个方面，即现场可以是建筑物内的房间、邻域、区域或城市。这些现状都会对设计产生影响。现状及项目要求为每个设计创建了响应框架。

先例研究

项目启动前，先调研类型案例——同类项目以往的设计作品。

类似的案例提供了在建筑学科内定位新作品的一种方式。

重新考虑熟悉的术语

建筑学中的开口通常是指诸如门或窗的建筑元素。《韦氏新世界词典》将“开口”（opening）定义为开放的地方、部分、坑洞、间隙或孔穴。从这个定义来看，门窗的功能与开口有所区别，从而提供了一种新的思维方式。重新考虑熟悉的双悬窗，将开口看作两边之间的入口。窗户两边的空间可以是不同的或类似的。不论怎样，两边可以同时或分别开放。开口对空间的影响取决于开口的尺度、形状、材料、质地及透明度。它们不是中性元素。

↓ 先例

勒·柯布西耶设计的萨伏伊别墅将尺寸相似的没有玻璃的开口或有玻璃的条形窗并列排布。屋顶露台上的一个开口作为整个房屋内部循环序列的焦点，构成了周边景观环境的视觉焦点。

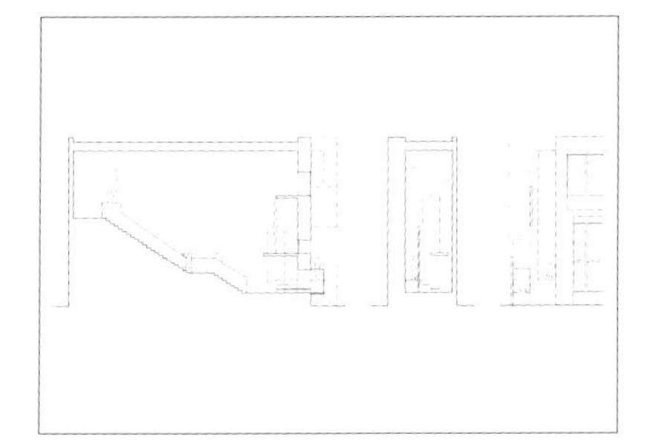

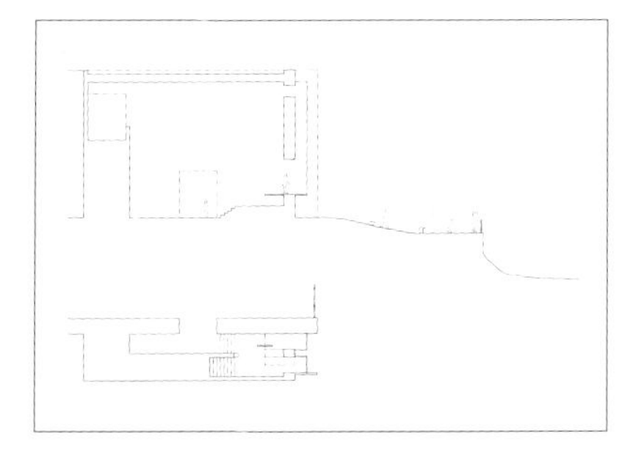

↑ **新体验**

这些正投影图显示了该设计中为新窗户开口所开发的各种体验。

NADAAA 事务所

由纳德·特那尼（Nader Tehrani）、凯瑟琳·福克纳（Katherine Faulkner）和丹尼尔·加拉格尔（Daniel Gallagher）领导的 NADAAA 是一家国际知名的设计公司。其项目在概念和执行方面同样严谨。NADAAA 的成功源于其对设计的构造表达探索的不懈追求。这种对细节的关注贯穿整个设计过程，直至最终产生可交付成果，不仅量化度清晰，而且意图丰富。

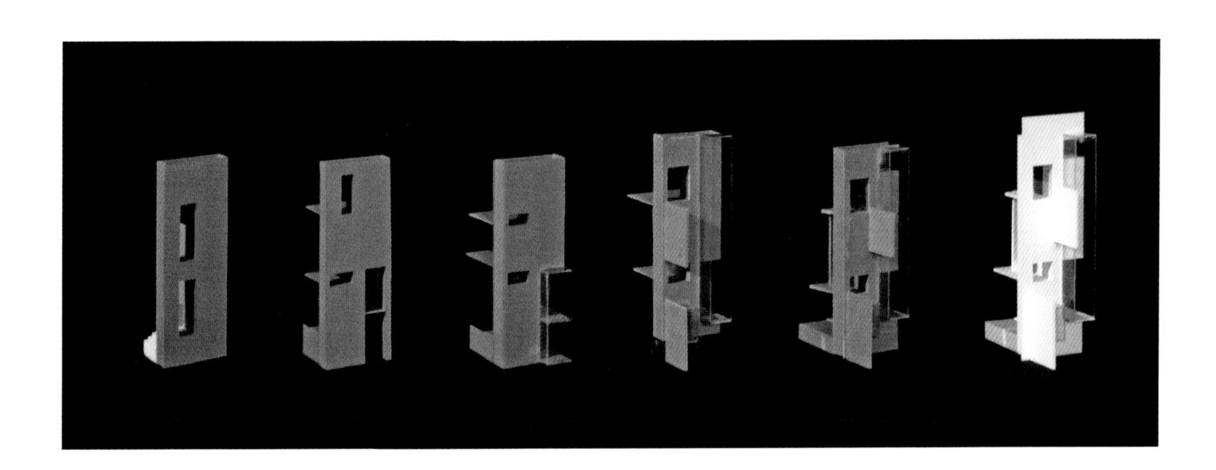

↑ **研究模型与演变**

这一系列模型描绘了新开口的设计理念的演变。请注意设计随着时间的推移变得越来越复杂，并且更加关注使用者的尺度。

作业 15　设计一个开口

通过探索光线、通风、层次、尺寸、尺度、材料、比例、隐私、视野、视点、空间、地点、安全性和控制等问题，可以详细了解开口的特性。这个项目虽然不大，但却涉及复杂的决策。

摘要

为现有空间设计一个开口，该空间的楼梯间将博物馆的一层与另一层相连。设计出的解决方案应既实用，又富有诗意。

规则

- 开口只能放在东侧的墙面上。
- 开口最多可占到东侧墙面总表面积的 35%。
- 开口不能穿透屋顶（即不可以形成天窗）。
- 玻璃可以是透明的、有色的或磨砂的；不能使用玻璃砖或其他类型的特种玻璃。

过程：调研

找出三个先例。摒弃所有开口必须看起来像窗户的先入之见。设计是一个推敲的过程，因此，评估初始解决方案，并根据与构思相关的叙述的清晰度进行重新设计。不断重复这个过程。最初产生的想法是整体架构的孵化器，并且会随着时间的推移发生变化。初始的草图可能与项目的最终结果大相径庭。

在草图本中记录你的想法。不要试图在一个项目中实现所有想法。编辑你的想法——想法太多和想法太少一样糟糕。

如何在平面图和剖面图中绘制玻璃

通常，使用尽可能靠近的两条线绘制玻璃，同时要保持两条线有所不同。由于其透明度，即使在平面图或剖面图中切割，也不会将它们绘制为切割线。当比例尺为 1 ∶ 192（1/16in 表示 1ft）时，玻璃用两条相距约 0.5in（1.2cm）的线表示；比例尺为 1 ∶ 96（1/8in 表示 1ft）时，相距约为 1in（2.5cm）。代表玻璃的两条线不应超过 1in（2.5cm）。考虑玻璃平面在墙壁厚度中的位置。玻璃应该在墙壁居中的位置？或是向一侧平移？还是不对称？

将想法转译到纸面或模型上

- 制作三个 1 ∶ 96（1/8in 表示 1ft）比例的研究模型，研究草图本中记录的概念性构思。开口的目的是什么？它如何对现状做出反应？与光线有关吗？它是什么样的光线？如果与视野有关，那么视野的本质是什么？有方向性吗？
- 以 1 ∶ 48（1/4in 表示 1ft）的比例绘制现有空间的平面图和剖面图。将其作为手绘正投影草图的底图。

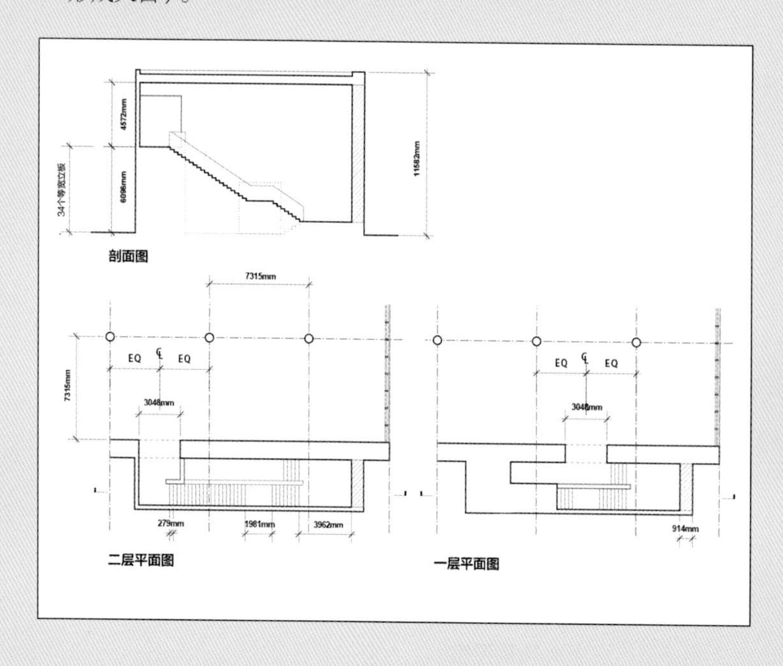

选择一个原始研究模型。用平面图和剖面图作为底图来进行修改和调整，继续开发开口构思的细节。随着变化调整，用大一些的比例制作一个新的研究模型来探索这些想法。这个新的研究模型应该是第一个研究模型的两倍大，比例为1∶2。

在这个过程中，通过绘制透视图，你可以仔细研究平面图和剖面图中的设想是如何通过人在空间中的体验来实现的，将透视图作为设计工具，巧妙地处理透视图中的元素，而后在平面图中做出修改。此外，使用透视图来表现地板、墙壁和天花板的材质，开始将空间个性化。

用炭笔素描来试验光线移动和变化的方式。将模型带到室外的阳光下，看看光是如何进入空间的。由于阳光是没有尺度的，因此在模型上投射的阴影会再现建成情况。

↑ 素描与照片 →

这幅炭笔素描强调了光线明暗之间的对比。照进空间的强烈光线代表了东边的阳光。对比炭笔素描和模型照片中的光线质感。

图片资料夹练习

找一些窗户先例放入你的图片资料夹。

勒·柯布西耶	拉图瑞特修道院、郎香教堂、萨伏伊别墅、拉罗歇-让纳雷别墅
弗兰克·劳埃德·赖特	流水别墅
斯蒂文·霍尔	圣伊那爵教堂
安藤忠雄	小筱邸住宅、光之教堂、水之教堂、维特拉博物馆
克拉克和梅尼菲	米德尔顿酒店
路易斯·康	萨克生物研究所、埃西里科住宅
康斯坦丁·梅尔尼科夫	莫斯科住宅
卡洛·斯卡帕	布里翁公墓、卡纳瓦博物馆
阿尔瓦罗·西扎	建筑学院、新闻学院、加里西亚当代艺术中心、萨拉维斯当代艺术博物馆、维埃拉·卡斯特罗住宅
朱塞佩·特拉尼	法西奥大楼
赫尔佐格和德梅隆建筑事务所	罗氏制药公司总部
让·努维尔	阿拉伯世界文化中心
扎哈·哈迪德	广州大剧院
SANAA建筑事务所	托雷多博物馆
泰德·威廉姆斯和钱以佳建筑事务所	克雷恩胡克游泳馆

↑ 玻璃温室

邱园（英国皇家植物园）中的棕榈温室。

第29单元　装配部件

“装配部件项目”可以追溯到20世纪50年代，得克萨斯大学约翰·海杜克引入的九宫格问题。

与柯林•罗（Colin Rowe）、罗伯特•斯拉茨基（Robert Slutsky）及其他学者一起，约翰•海杜克（John Hejduk）推动了建筑教育的新发展，使得设计成为正式的课题。

最初的装配部件问题包括减少和简化经常重复的形式元素的数量和类型，将关注点转向入口、连贯性、空间、远景和移动。这些有限的参数与空间的布局和序列有关，让你可以专注于叙述的发展。

组合设计策略构成了装配部件问题的核心。组合是对部件的主动安排，通过创建整体来建立秩序。即使部件数量有限，也可以有许多解决方案。

密斯·凡·德罗

路德维希•密斯•凡•德罗（Ludwig Mies van der Rohe，德裔美国人，1886—1969年）被认为是早期现代主义者中最有影响力的人物之一。

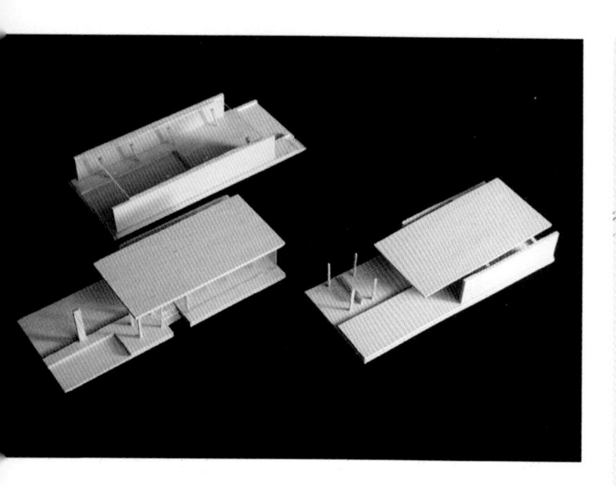

↑ **捕捉光线**

这些椴木模型捕捉到投射到空间的强烈光线。

→ **捕捉空间**

这个透视图捕捉了墙壁、屋顶和柱子之间的空间。

巴塞罗那馆

在美国芝加哥的伊利诺伊理工学院工作以后，密斯继续在美国创作了许多有影响力的建筑。他的建筑物渴望开创一种体现时代精神的新风格。也许第一个这样的作品是1928—1929年巴塞罗那世界博览会的德国馆，即巴塞罗那馆。它体现了当时的流线型美学。巴塞罗那馆是一个比例和谐、材料组合精致的作品。“少即是多”这一表达正是由密斯提出的。

作业 16 使用装配部件

摘要

用规定的装配部件构造一系列空间，根据以下五个主题，精心安排一个体验：

- 仪式
- 冥想
- 对话
- 失衡
- 紧张

记录每个单词的字典定义，以及你对它们的个人解释。使用软铅笔（2B 或 4B）或毡尖笔徒手画出有网格的场地的墨线平面图。根据主题和定义创作至少 12 种不同的空间布局方案。每个主题至少使用一次。

在平面图上绘制草图时，用三维的方式思考设计。对于每个方案，绘制四个小透视草图，表现设计作品的活动顺序。这些草图是否强化了这个想法？如果没有，修改草图（用描图纸），然后回到平面图上，根据透视图的变化对其进行修改。按照 3 ∶ 16 的比例绘制平面图和剖面图，以便利用两者之间的关系。

制作模型建立三维序列策略并研究空间的光线质量。此外，还可以绘制一系列炭笔素描，探索全天当中光线对装配部件、材料和纹理的不同反应。

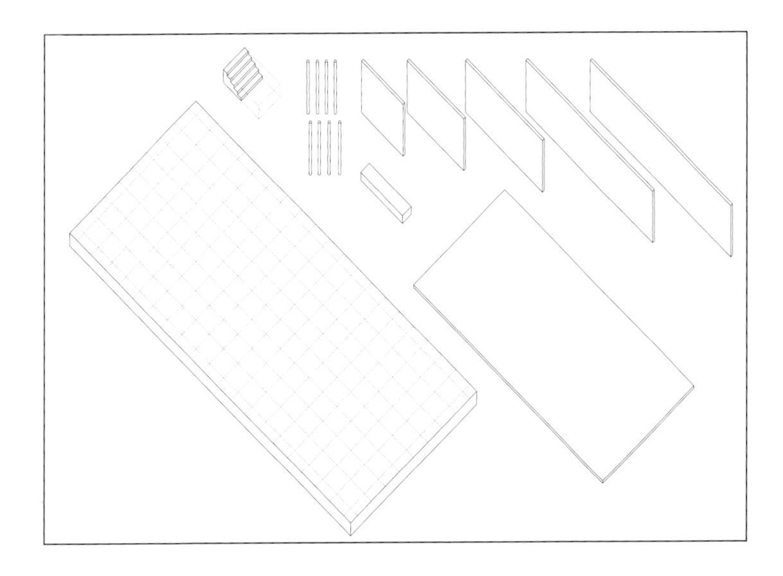

规则

该场地是一个坚固的底座，高 2ft 6in（76.2cm），长 80ft（24.4m），宽 32ft（9.8m）。底座通过一个 4ft × 4ft（1.2m × 1.2m）的网格绘制而成。

- 定位两个浅倒影池：一个尺寸为 1ft × 38ft × 18ft（0.3m × 11.6m × 5.5m），另一个尺寸为 1ft × 22ft × 10ft（0.3m × 6.7m × 3.0m）。每个池子至少有两条边缘与网格对齐。它们必须与网格保持平行，并且不得位于底座的边缘。
- 空出一个高为 2ft6in（76.2cm），宽为 6ft（1.8m），长至少 10ft（3.0m）的体块，用于放置入口楼梯。
- 将柱子放置在网格交叉点处，并将墙的中心线与网格线对齐，除了在底座边界上墙面必须与网格线对齐以外。不要将柱子放在池子里。
- 用墙壁和柱子支撑天棚。天棚的边缘必须与网格平行。天棚厚 6in（15.2cm），宽 26ft（7.9m），长 54ft（16.5m）。所有墙壁都不可以悬挂在底座边缘上。五面墙应该是 6in（15.2cm）宽，10ft（3.0m）高，五个不同的长度：12ft（3.7m）、16ft（4.9m）、22ft（6.7m）、36ft（11.0m）和 40ft（12.2m）。
- 放置一个大小为 1ft 6in × 2ft 6in × 12ft（45.7cm × 76.2cm × 3.7m）的整块石料。将整块石料竖放、横放或侧放。至少两条边与网格对齐。

最终表现

- 比例为 1 ∶ 64（3/16in 表示 1ft）的平面图和剖面图（1 幅纵向剖面图和 2 幅横向剖面图）
- 3 幅结构透视图
- 1 个椴木模型
- 2 幅炭笔素描

第 6 章

动态渲染策略

DYNAMIC RENDERING STRATEGIES

本章介绍了许多不同的渲染技巧，这些技巧可以增强动态感的表现。

建筑图可以超越纯粹的二维抽象表现，唤起人对空间的情绪、质感和氛围的感觉。

建筑图中的动态可以通过介质、色彩、视点和构图的变化来实现。夸张为进一步提升建筑师的意图创造了机会。

此外，本章将探讨设计的逐步过程，以及将空间视为加法和减法的设计工具。使用这些技术的设计师包括皮埃尔·夏洛（玻璃之家）和勒·柯布西耶（萨伏伊别墅），以及当代建筑师如约翰·波森（John Pawson）。

第30单元　渲染技巧

单靠线条图不能传达空间的纹理质感——房间如何对光做出反应或哪些材料能丰富空间。有时需要用材料、明暗和阴影表现来美化线条图。

渲染材料和光线有助于传达空间的节奏和尺度。可以通过各种包括线条、色调和颜色在内的技术在地板、墙壁和天花板上表现混凝土、木材、金属、玻璃和塑料等材料。金属和石材可以用反射或阴影进行渲染。在某些情况下，为了区分图中的某一种材料，可只给其赋予色调值。

表现材料时要考虑的两个问题是比例和意图。

比例

考虑要用什么比例来绘制表现图。例如，砖可以根据图纸的比例渲染成多种不同的形式。有时它被渲染为水平线，将材料本身的单位质量抽象化。在较大比例的图纸中，添加垂直缝隙可以把个别砖块从普通横向砖块中区分开。

意图

考虑材料的重点——它是水平的、垂直的，或特定的墙壁或表面？在砖块的例子中，材料的水平状态是最重要的。有时候，图像只渲染了一种材料，而其他表面则仍为线条或黑 / 白图。这种对被渲染材料进行限制的技巧让材料和空间形成层次结构。

↑ 材料指示

这幅博物馆的剖面透视图有选择性地使用渲染材料来突出木板路是设计中的重要元素。墙壁透明度允许建筑物的室内空间达到峰值，而不需要用太多信息压倒图像。

↓ 形状和纹理

道格拉斯 • 达顿（Douglas Darden）铅笔渲染绘制的氧气屋突出了建筑的形状和纹理。通过渲染大部分物体，页面的空白在构图上变得非常重要。平面图信息将添加到空白部分，而不会影响绘图。

↑ 材料渲染技巧

Photoshop 或类似的软件可以在底图（可以是手绘草图或数字绘图）上轻松添加渲染层。这两张图片是一所 K-8 学校的底图，先在 Rhino 中创建，然后在 Photoshop 中进行渲染。

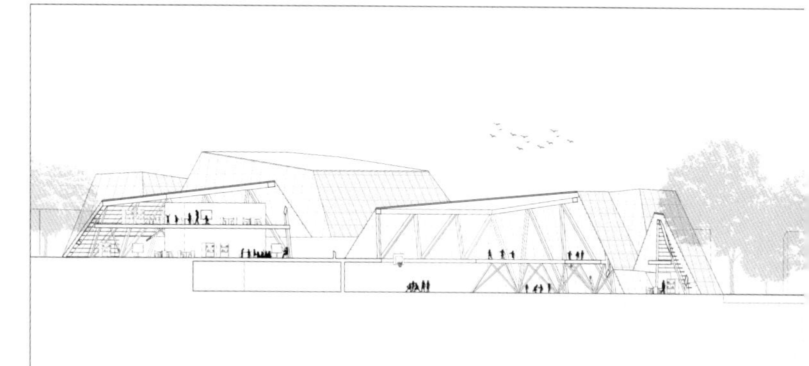

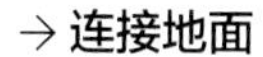

→ 连接地面

该 K-8 学校的设计补充了倾斜场地的地形变化。学校和土地之间的连接处通过在剖面中应用灰色填充而清晰可辨。来自现场的抽象人物和照片增加了空间的尺度。

应该包含或不应包含的内容

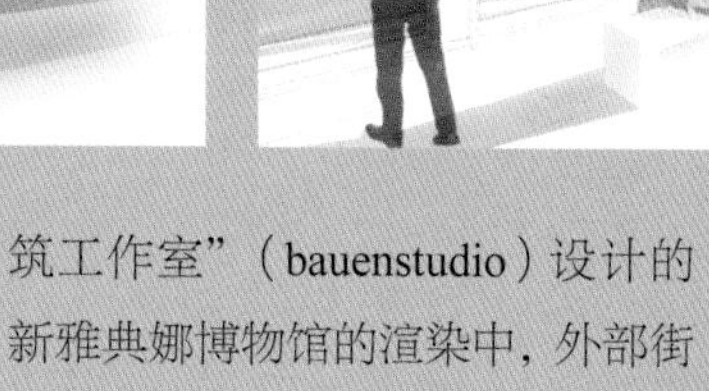

图像不需要完全渲染。有选择性地挑选包括或不包括的内容有助于构建每幅图的意图。在“建筑工作室”（bauenstudio）设计的新雅典娜博物馆的渲染中，外部街景采用黄色砂岩材料渲染，而外部庭院则去掉了这种材料，并专注于渲染通过玻璃看到的展出的艺术品。

第31单元　炭笔素描

炭笔素描可以捕捉空间中的光线质感。本单元详细介绍了一种使用压缩炭笔的绘图方法。

炭笔素描提供了一种以超越线条图的令人回味的方式呈现情绪、光线和纹理质感的手段。它们利用明暗对比来展示光线是如何影响空间、材料和运动的。在此方法中，色调和明暗用于创建固体和表面的体积或平面。这种绘图类型揭示了空间的体验性。

炭笔选择

- 葡萄藤炭条
- 软炭笔（这种是首选——它能绘制各种线型，但有点脏）
- 铅笔

软炭笔可以在纸面上画出无数种可能的痕迹，具体取决于炭条的长度、施加的压力及炭条的位置。握住炭条的方式不同会产生不同的线型。把痕迹晕开可以减少单个笔划对页面的影响。

阅读书目！

特纳·布鲁克斯
（Turner Brooks）
《特纳·布鲁克斯：作品》
（*Turner Brooks: Works*）
普林斯顿建筑出版社
（Princeton Architectural Press）
纽约，1994 年

内尔·约翰逊
（Nell Johnson）
《光线就是主题：
路易斯·康和金贝尔艺术博物馆》
（*Light is the Theme: Louis I. Kahn and the Kimbell Art Museum*）
金贝尔艺术基金会
（Kimbell Art Foundation）
福特·沃斯出版社
（Fort Worth）
2012 年

↑ **纪念性**

休·费里斯使用炭笔在他的建筑表现中唤起了一种纪念感。请注意页面上表现的笔触感。

← **添加细节**

这三幅炭笔素描描绘的是一个随着时间的推移添加细节的过程。注意添加前景条件的时机。

先例

看看休·费里斯和特纳·布鲁克斯的炭笔素描，呈现了令人回味的高对比度图像。与埃尔·利西茨基的推测性轴测图相似，他们的素描探索了设计的可能性，而不是已知条件的表现。

↑ **学习光线**

炭笔素描捕捉到了投射在谷物升降机上的阳光。不仅要研究光线，还要研究这些和其他工业建筑中的重复元素。

方法论

为了减轻在白纸上用深色材料绘画的恐惧，用炭笔的长边轻轻地给整个绘图表面着色。将页面从亮白色变为灰色，不仅可以减小第一道笔迹的压力，还可以使用橡皮擦做出白色标记。

使用你的手掌根、手指或麂皮布去达到色调的一致性。这些色调不像线条，更像是明或暗的平面。

炭笔“脏”的质感使艺术家从完成细节的精确度中解放出来。任何错误都可以通过摩擦、涂抹、擦除，或者添加几笔来轻松修正。图像是被修改出来的，而不是被绘制出来的。每幅图的笔触都由轻到重。变浅或擦除黑色比添加更多黑色更难。

空间叙事 →

炭笔是一种动态媒介，可以运用阴影区域和微妙的光线描绘出光线在物体表面上的效果。该素描透视图表现了光线在墙面流动。

彩色或黑白

类似的艺术形式，例如黑白摄影，依赖于图像中的色调差异来增强和揭示空间的纵深。以大萧条时期黑白纪实摄影而闻名的沃克 • 埃文斯（Walker Evans）建议，在尝试使用彩色胶片之前，应该掌握强调色调、明暗和光线质感的黑白摄影。

第32单元 明暗和阴影

捕捉建筑与光线之间的相互作用是优秀设计不可或缺的一部分。

可用于展示光线效果的表现形式包括正投影图、轴测图和透视图。这些图中阴影的图形描绘提供了额外的纵深，刻画了某一瞬间建筑对光的反应。正投影图中的明暗和阴影揭示了空间中接收光线的元素与形成阴影的元素（墙、窗户开口等）之间的物理关系。

图中表现阴影时要记住两个关键注意事项：

- 阴影是投射到表面上的（没有表面=没有阴影）。
- 在投射阴影的元素和接受阴影的表面之间存在空间关系。

↑ 平面图中纵深的表示

阴影平面图表示单个元素的相对高度，以及实体和透明表面之间的关系。该场地平面图显示，最高的元素是一个圆形塔，其在屋顶表面和下面的地面上投下了阴影。

↓ 阴影

日照研究突出了阳光和阴影的区域。这三个图解显示了早晨、中午和傍晚的太阳所产生的阴影。

光线和意图

将一个复杂的物体放在台灯下，并在不同的光线角度下将其记录下来。灯光可以产生长长短短的阴影。光线的方向是否会增强或模糊设计的某个部分？拍照。照片与物体相比如何？

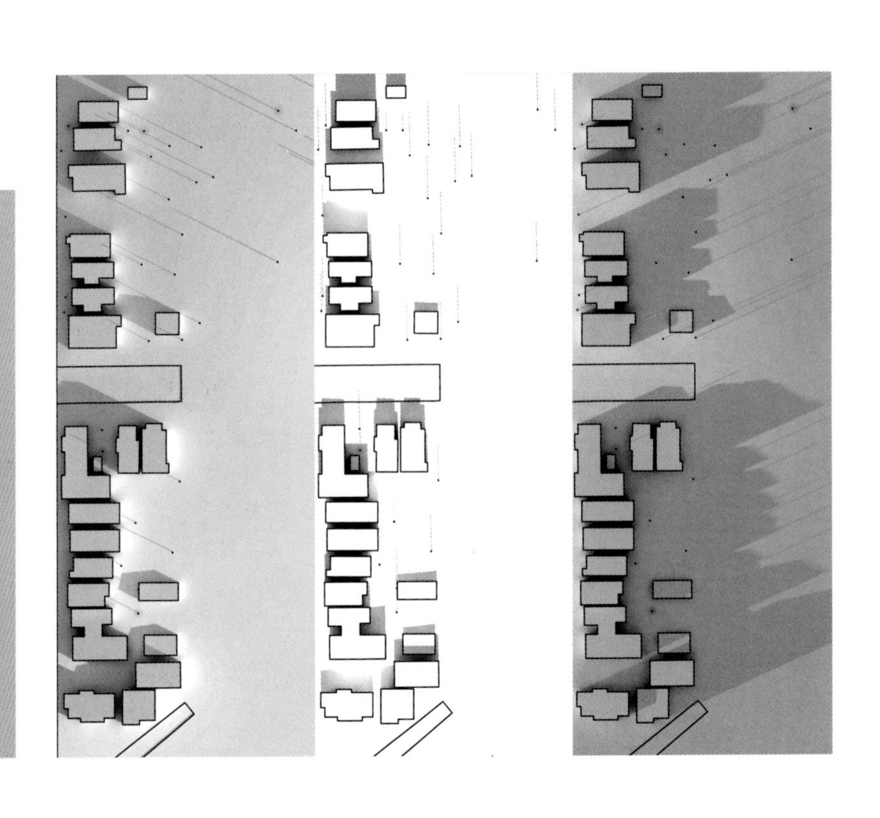

← **背景的尺度**

在场地模型中，阴影显示了一栋建筑相对于场地地形的尺度和形状，还提供了一种区分设计与相邻背景的方法。

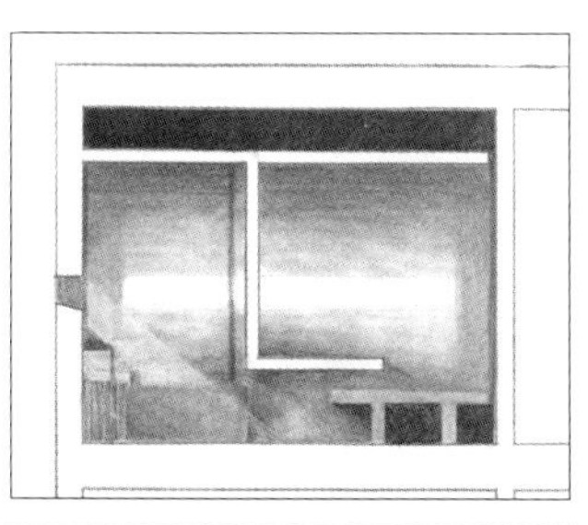

↑ **光线的相关影响**

在剖面图中，阴影表示了光线在空间中的影响。表面离光线越远，就越暗。

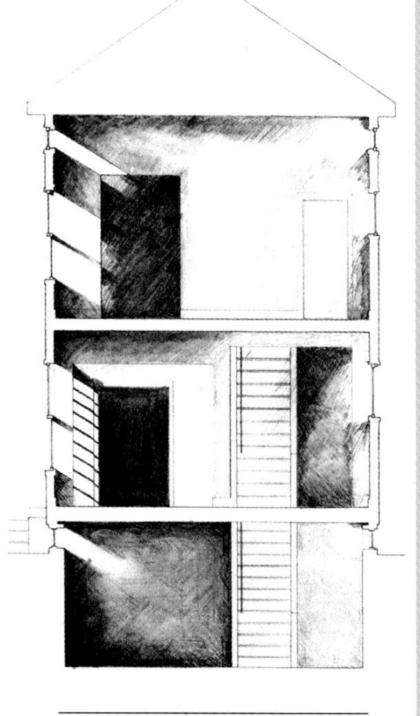

↑ **北面光线**

朝北的窗户可以获得漫射的自然光线。许多艺术家的工作室朝北，以便在一整天的过程中获得均匀的光线质感。在极少数情况下，来自北面的光线是从相邻建筑物反射回来的，从而在空间中产生投射阴影。

采光术语

了解场地的日照方向。

北半球：

- 夏至：6 月 20 日 ~22 日。
- 冬至：12 月 21 日 ~23 日。

日照图提供相对于特定位置的天空中太阳的高度和角度。要注意，夏季和冬季的太阳在天空中移动的轨迹不同。靠近 6 月 21 日，夏季的太阳从东北方升起，从西北方落下。靠近 12 月 22 日，冬季的太阳从东南方升起，从西南方落下。

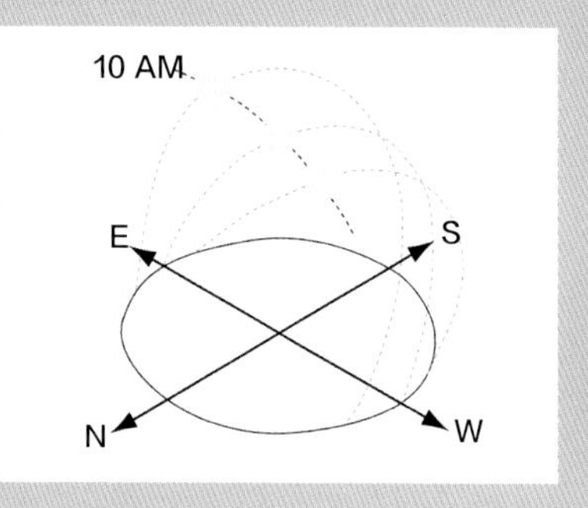

阳光只能投射到表面上。

光源可以是投射在物体上的太阳光或人造光。太阳光线在构建阴影时被认为是平行的。这是由于太阳和地球之间的距离大约 1.5 亿千米。实际上，太阳的光线在到达地球表面时是发散的，但相对于阴影投射而言，这种发散是微不足道的。相反，人造光通常由于它们接近物体而发射出放射状的光线。

暗面是物体未被照亮的表面。

阴影是一个物体投射到另一个表面上的形状。

第33单元　颜色、拼贴和构图

增强表现力的方法包括拼贴和颜色。构图也起到了强调表现元素的重要作用。

拼贴

20世纪初，立体主义艺术家布拉克（Braque）和毕加索（Picasso）正式将拼贴技术引入艺术。拼贴是一种抽象的表现手法，它将现有图像与截然不同的材料相结合，从而创造出新的图像。拼贴艺术家本·尼科尔森（Ben Nicholson）将拼贴画描述为“各种碎片的集合，在创作者眼中创造出令人难以抗拒的奇观”。

拼贴在重新评估现状的同时提供了新想法产生的起点。

↓ 再创造叙事

这是一幅来自克里斯·科尼利厄斯的土著工作室的名为“阿尔卡特拉斯无线电自由：轨迹”的拼贴画，展示了美洲印第安人对阿尔卡特拉斯岛为期19个月的占领。拼贴法将场地数据、历史图像和几何线重叠到聚酯薄膜上，重新表述了这个地方的构想，仿佛美国原住民从未离开过阿尔卡特拉斯岛。

阅读书目！

本·尼科尔森
（Ben Nicholson）
《器械室》
（*The Appliance House*）
麻省理工学院出版社
（MIT Press）
马萨诸塞州剑桥市，1990年

利布斯·伍兹
（Lebbeus Woods）
《利布斯·伍兹：特拉·诺瓦 1988—1991》
（*Lebbeus Woods: Terra Nova 1988–1991*）
《建筑与都市》
1991年第8期号外，第1—171页

《建筑学手册 1—10》
（*Pamphlet Architecture 1—10*）
普林斯顿建筑出版社
（Princeton Architectural Press）
纽约，1999年

↑ 抽象叠加

拼贴画显示了抽象信息的叠加，突出了人体比例和对空间的利用。它描绘了空间的感觉，而不是空间的现实。

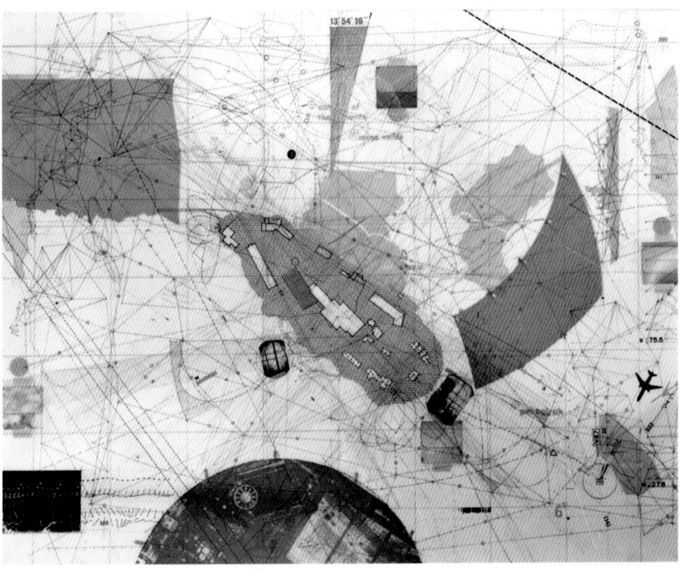

↑ 描绘多重体验

这幅画描绘了多个表现形式，同时表达了从一个名为“伽利略之家：地球、天空和现象的假设”项目中穿过的体验。图像在一个区域中叠加平面图、剖面图和透视图。当仔细观察时，它们协同作用，让观察者对地点和尺度的了解更加深入。

↓ 配景

配景构建比例。在剖面图和透视图中常见的是用人与空间的相互影响来填充图像，而平面图中通常添加家具。

↑ 颜色和页面构图

一幅图像的页面构图可以反映设计意图。该页面被拉长，强调建筑设计的垂直性。铅笔的痕迹在视觉上是明显的，强调了垂直方向，并赋予了红色天空纹理。渲染建筑表面体现出材料的质感。

慢下来，在手绘和数字绘图之间转换

关于手绘表现和数字化制作的争论仍在各公司和建筑学院中继续进行。虽然数字软件的进步提供了新的表现手法，但像 LTL（Tsurumaki. Lewis）和泰德•威廉姆斯和钱以佳（Tod Williams Billie Tsien）这样的公司依然将手绘表现和数字模型结合起来推进他们的建筑理念。对于他们来说，缓慢（或像 LTL 描述的那样，速度和敏捷性与放慢速度之间的差异）等同于思考。

手绘和数字绘图之间的处理过程可能如下所示：

1. 绘制构思草图。
2. 制作快速三维模型。
3. 打印出草图顶视图。
4. 修改数字模型。
5. 重新打印并继续绘制草图。
6. 扫描草图。
7. 在 Photoshop 中进行处理。

↓ 颠倒屋，LTL 建筑事务所

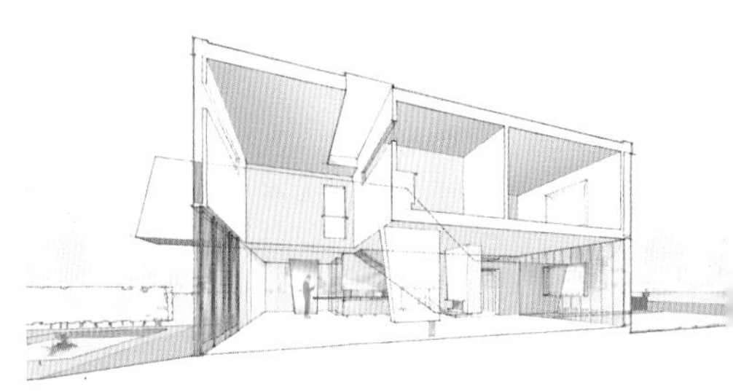

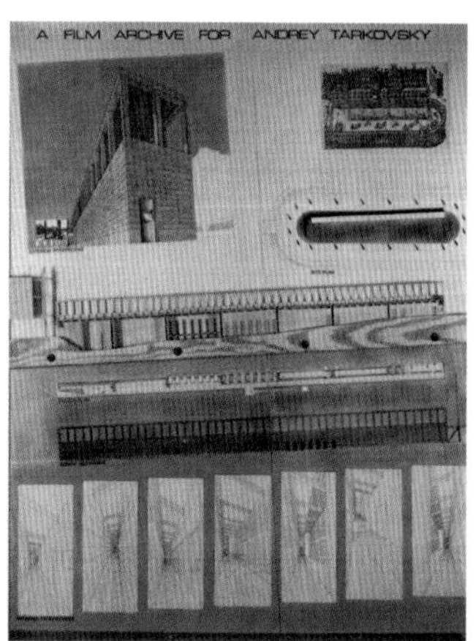

← 颜色和构图

在该铅笔构图中有选择性地将颜色添加到室外透视图的天空和一系列内部透视图的背景中。在这里，生动的颜色作为一种构图手段，将图中的元素联系在一起。太多的颜色可能会降低画面的整体清晰度。颜色越多，并不等同于动态感越强。这幅图中有清晰的图像层次结构。剖面模型取代了剖面图。

↑ 唤醒回忆的图像

可以添加历史图像来暗示与其他图像或时间段的关系。在这张图片中，图形字母的比例、位置和颜色让人联想到俄罗斯构成主义时代。绿松石般的天空和飞行的飞船体现了创新，唤起了未来感。CHC 和相应的数字表示比赛的名称——“攀登首府山”和参赛号 K017。

↓ 转换线

这些图描绘了土著工作室的名为“住宅 07- 雷电月亮”的试验性住宅的平面和剖面效果图。铅笔和水彩将正投影转换为动态表现。

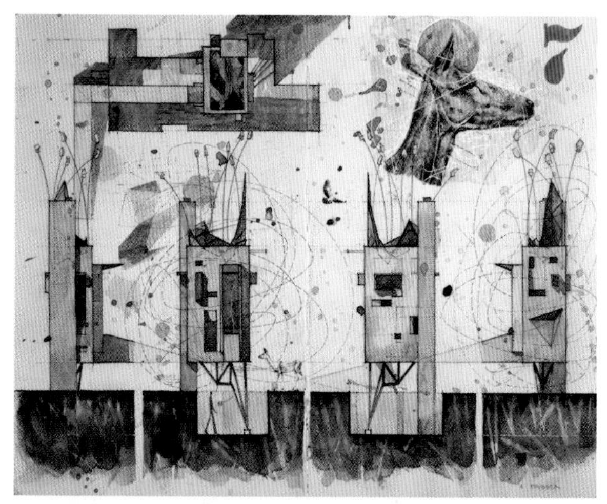

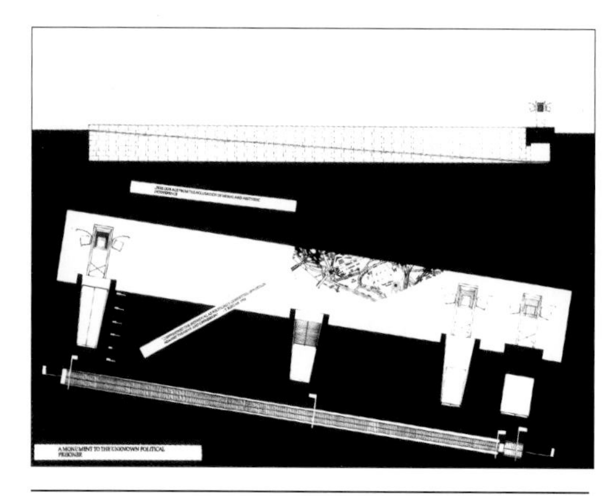

↑ 黑白的二元性

这幅对比鲜明的黑白图像，有力地传达了深入土地的切割和这个构思的水平性。这是为一名政治犯准备的房间，该设计采用了页面的二元性来强化项目中唯一的活动——一个狭长的平台。

→ 混合图

此图结合了场地平面图和倒置透视图（黑色背景上的白色线条），使页面上的大部分区域变为大面积的黑色天空。

案例研究 4　动态渲染

建筑师

“建筑工作室”，莫•兹尔和马克•罗尔勒。

渲染能将一个画好的线条图变成具有戏剧性和动态性的图像。在这些类型的图中可以清楚地表现出材料、纹理和光线质感。

项目

这是一幢位于美国华盛顿特区外费尔法克斯县普罗维登斯区的 20 世纪 50 年代的郊区住宅的附加物，包括一间餐厅、岳母的套房和主卧套房。该社区是 20 世纪 50 年代发展模式的典型代表，即单户住宅坐落在一小块地皮上。像许多转型社区一样，这个社区正在经历被称为“拆除”的房地产现象，即根据其土地价值购买原始房屋，然后拆除并建造为公寓楼。这不仅在社会经济层面对社区的特征产生了影响，而且损害了本地的建筑结构和空间质量。一般而言，大多数新房主都尊重这些现有的建筑结构特征，并创造适合社区规模的附加物。然而，这些增建物并没有强化社区的公共方面。

传统来讲，住宅加建体是通过将添加元素附加到现有结构上实现的。但是当一个加建体比其原建筑还大时，该如何称呼它呢？在这个设计中，建筑师通过将加建体概念化为一元素来解决问题。该元素不仅仅是附加到其原建筑上，更是作为一个完整的元素。他们模糊了新与旧。当一个空间同时具有两种特征时，随之而来的就是极大的模糊性。

展示新旧元素的空间处理成各种灰色阴影。例如，新的书架 / 存储单元定义了现有空间的边界，连接新的木地板，进入餐厅的附加空间，并延伸到房屋外面成为露台，最终在花架处结束。这种新的空间定位恰好与颠倒了建于 20 世纪 50 年代的私人邻里空间相吻合。那时住宅的门是向后开的。

↑ **有目的地渲染**

这些透视图显示了两种不同的渲染技术：材质和天空渲染及照片拼贴。在每个案例中，透视图都是用铅笔绘制的，以显示添加物的形式特征。在上面的图例中，渲染的材质与抽象背景并列摆放，更加强调了添加物的透明元素。室内和室外之间的连接更清晰。照片拼贴（下图）使新旧对比更清晰。

↓ **流动性图解**

这些图解显示了与现有房屋相关的加建体的空间流动性。新的房间有了更多细节，包括地板图案和家具。

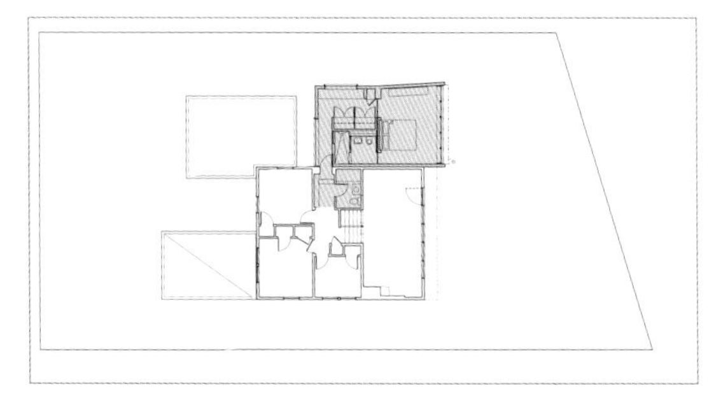

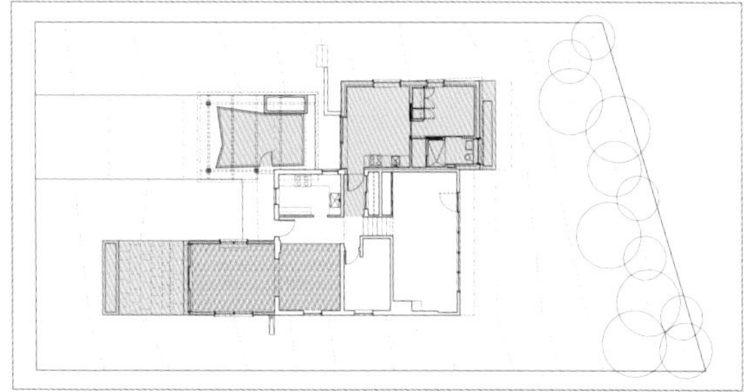

第34单元 加法和减法

可以将城市街道想象为一个空间容器，而不仅仅是建筑物排列的结果。这种空间概念化，即建筑物或墙壁之间的空隙，可以应用于各种尺度，包括城市、建筑物、房间或物体。

为了促进这种概念化过程，空间必须被视为一个物理实体——一个简明定义的有形物体，而不是残余物。它是一种内部和外部作用的媒介，而不是墙壁、地板和天花板的产物。当空间从实体元素中被切割出来，或者被当作一个内部空间的铸型时，无论是在实体模型还是三维计算机模型中，空间都是可视化的。切割过程最终是一个减少的过程，与将材料连接在一起来表现空间的加法过程非常不同。这与之前的装配部件作业的加法概念形成对比（见第 111 页）。

阅读书目！

克里斯·唐森德和珍妮弗·R. 克罗斯
（Chris Townsend and Jennifer R. Cross）
《蕾切尔·怀特瑞德的艺术》
（*The Art of Rachel Whiteread*）
泰晤士与哈德逊出版社
（Thames & Hudson）
2004 年

设计小贴士

研究 / 历史：包括类型学研究——看看别人在你之前所做的事情。

现状：了解场地和背景环境——场地的历史是什么样的？包括自然环境、社会经济及文化背景。

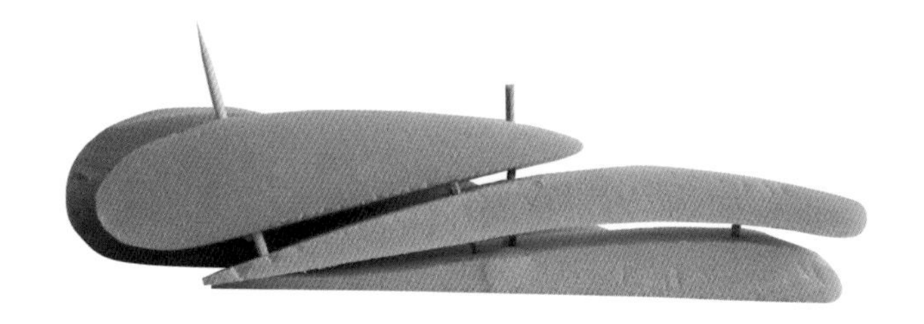

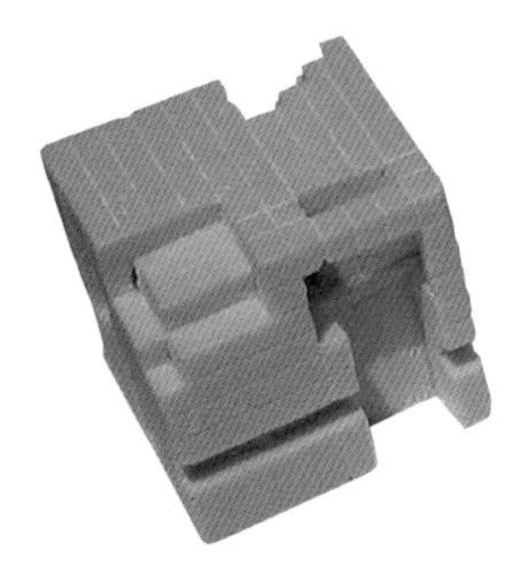

←↑↓→削减质量

泡沫可以被切割和处理，其减法的特性让人想起图底关系平面图（见第 57 页），在图中被包含且被清晰界定的空间与被清晰界定的实体并置。

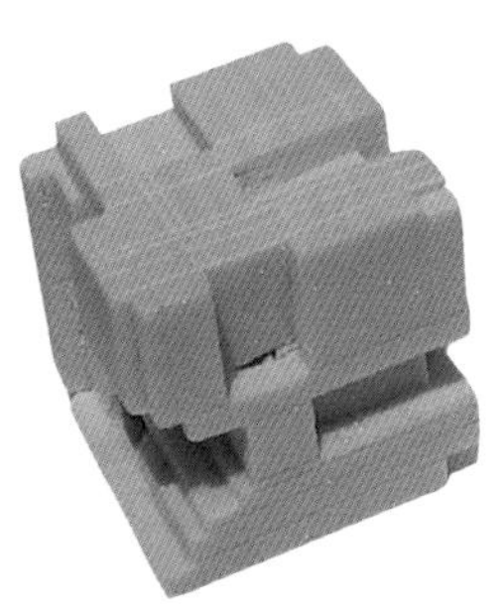

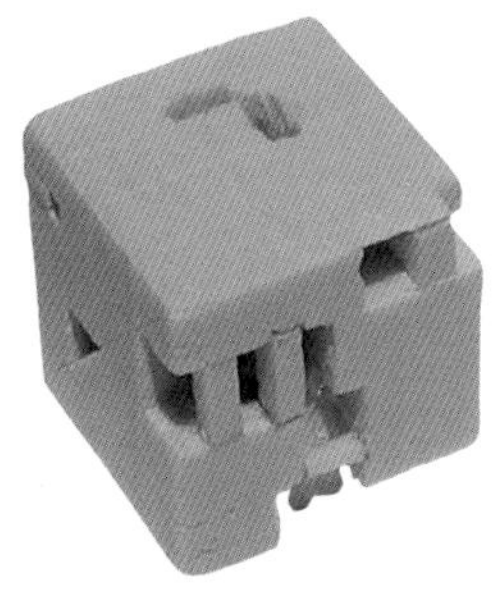

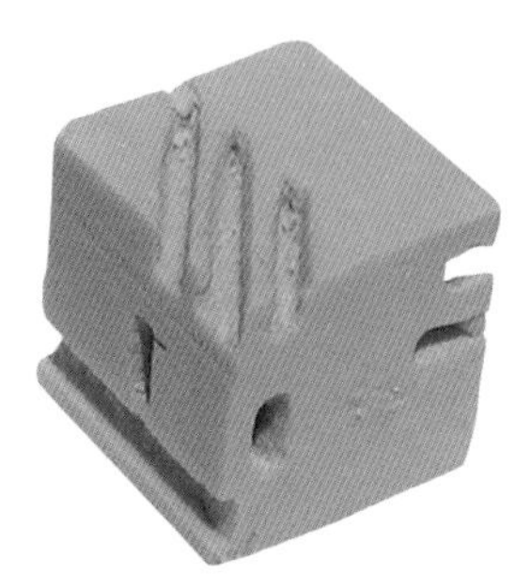

→ 3D图底关系地图

城市环境的图底关系地图可以重建成三维模型。使用激光切割机制作这些模型的方法可以同时构建一个正模型（左图）和一个负模型（右图）。在正模型中，建筑物是实体的增建物。在负模型中，建筑物之间的空间是实体，而建筑物本身是凹陷的。这些模型描绘了法国巴黎蓬皮杜中心周围地区的建筑和空间。

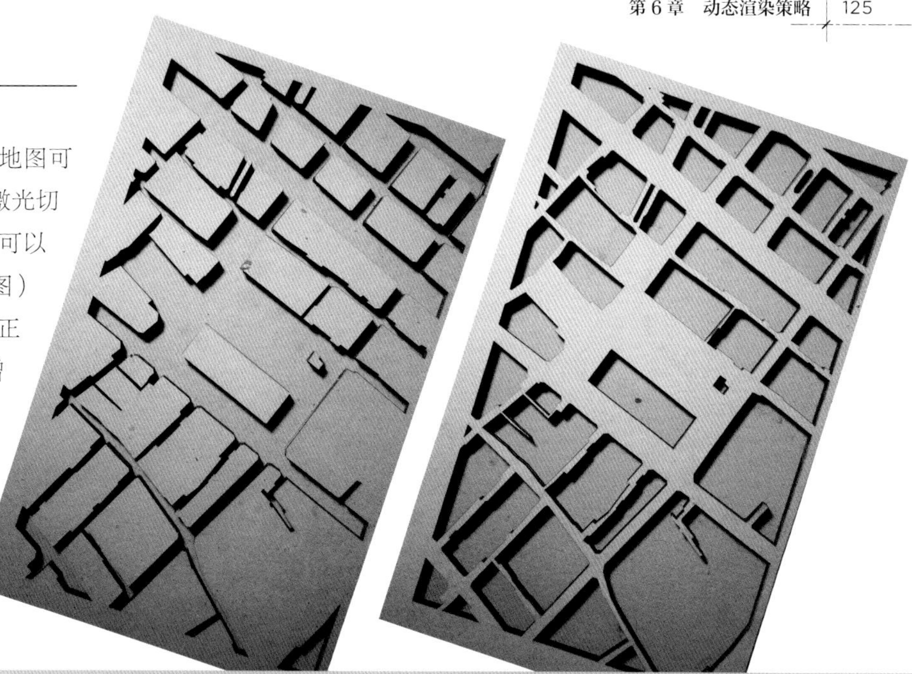

空间分析

SketchUp 中创建的这一系列研究描绘了室外教室设计所定义的各种空间体积。室外教室位于中心且呈矩形，与各种尺度的其他空间相交。一些空间的体积由周边建筑物的檐口线定义（见图 2），而其他空间则由相邻建筑物定义（见图 4）。图 3 表示场地和相邻的动线空间之间的空间连接。

1

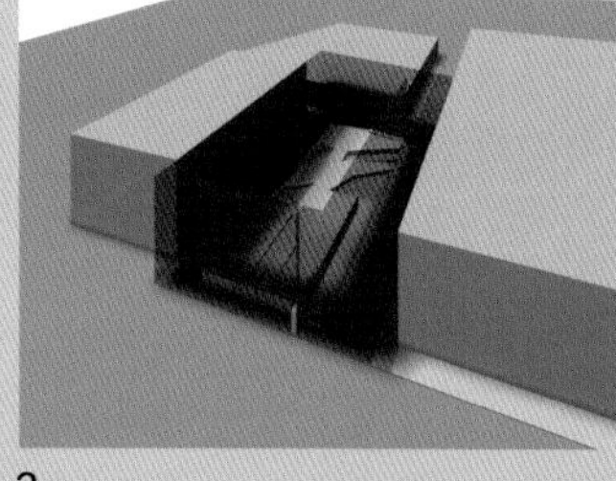

2

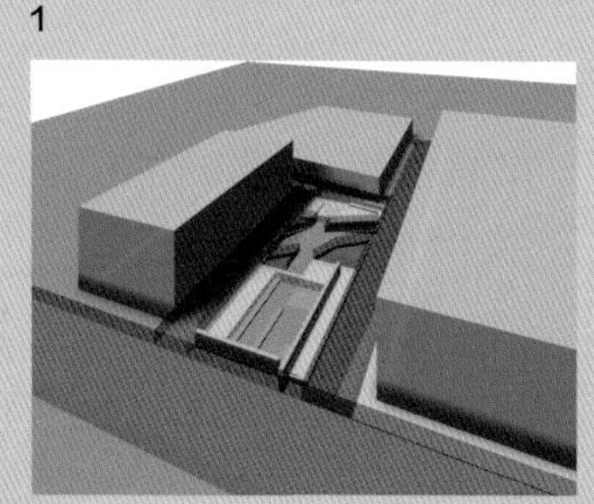

3

4

↓ 空间

该平面图和随附的一系列图解描绘了一系列空间的重叠。房间之间的对齐允许一个空间延伸至另一个空间。

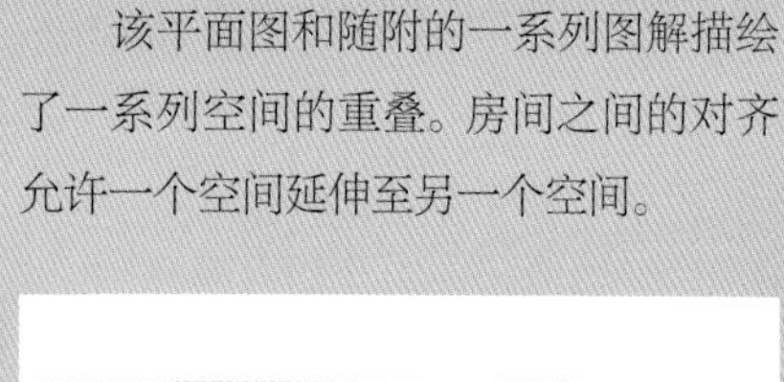

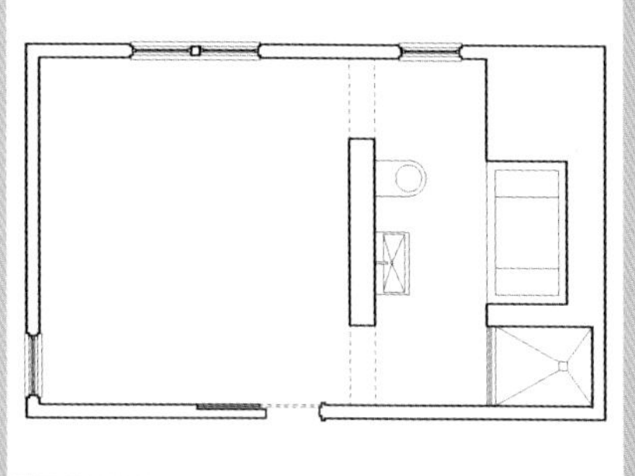

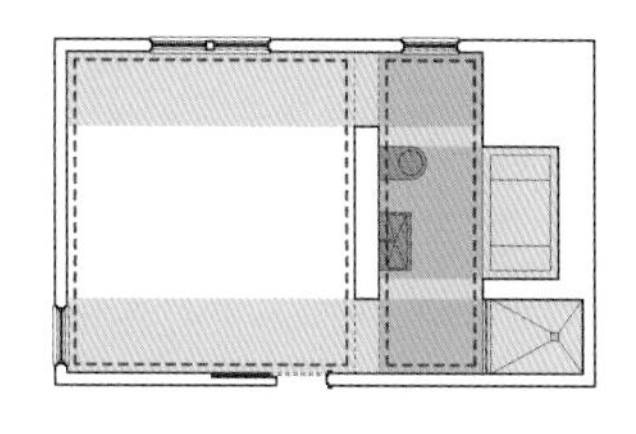

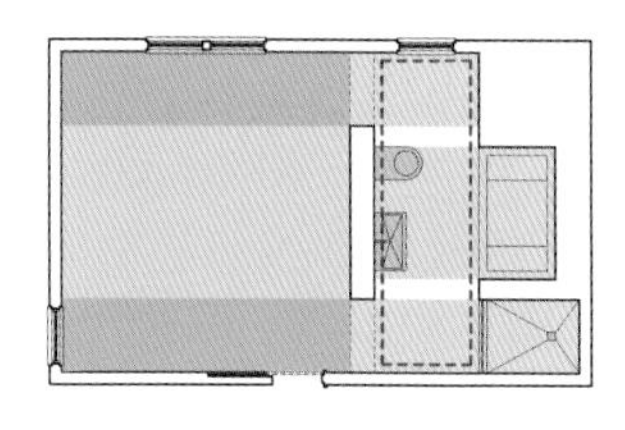

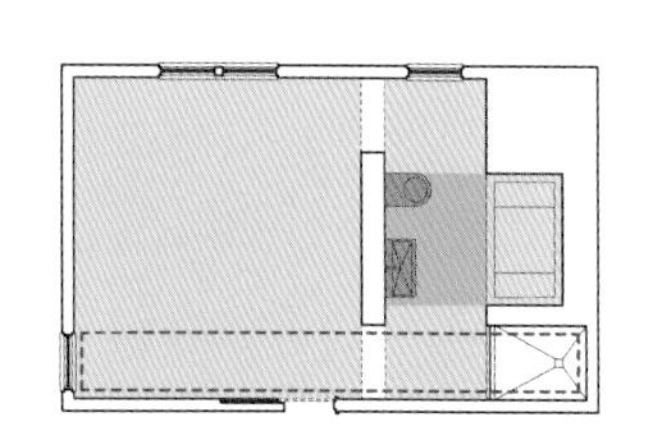

作业 17 旅行者的空间

摘要

设计一个让人在连夜飞行之后可以暂时停留的地方。这个房间位于英国伦敦希思罗机场的航空公司到达区中的休息室内，可以看到停机坪，还要满足以下要求中的任意一个：

● 只有一个外墙的中间房间。

● 有两个外墙的转角房间。

旅行者在房间内可以洗澡、换衣服、工作或放松。它应该包括一个放置手提箱和挂衣服的空间、一间蒸汽浴室或桑拿浴室、一个厕所、一台电视、一个书写的空间和一个休息的地方，如躺椅。

过程

为旅行者设计一个创新、周到的休息室。摒除所有熟悉的先入为主的观念。像床、浴室和淋浴这样的单词并没有用来阻止你组装这些熟悉的物体，只是简单地将它们在空间中进行排布。

重新概念化酒店房间中常见的物品。淋浴、床或衣柜的本质是什么？每个相关的尺寸是多大？人是如何与每个物体相互作用的？

雷姆 · 库哈斯

雷姆•库哈斯（荷兰，生于 1944 年）是一位作家、建筑师、理论家和城市规划师。1978 年，他写了开创性宣言《癫狂的纽约》。在这份宣言中，库哈斯探讨了纽约市的历史，以及 1807 年将城市划分为 2028 个街区的后果。1975 年，他建立了自己的大都会建筑事务所（OMA），在世界各地建造了许多备受好评的建筑。库哈斯的作品最能体现他对规划和图解的兴趣。对于他设计的西雅图公共图书馆，库哈斯分析了历史先例，结合了对图书馆未来使用、信息存储和展示，以及后代如何进行社交和互动的猜测。

↓ 探索关系

这幅拼贴图探索了清洁和观察的动作。视线受到了水的阻挡。

↓ 分层连接

服务元素被推到这个“休息室”空间的边缘。所有的元素都保持在较低的高度，保持与空间末端的凸起元素——洗浴设施的视觉连接。

→ 分析图解

OMA 在西雅图公共图书馆竞标提案中绘制的分析设计图解结合了文本、数据和建筑形式。

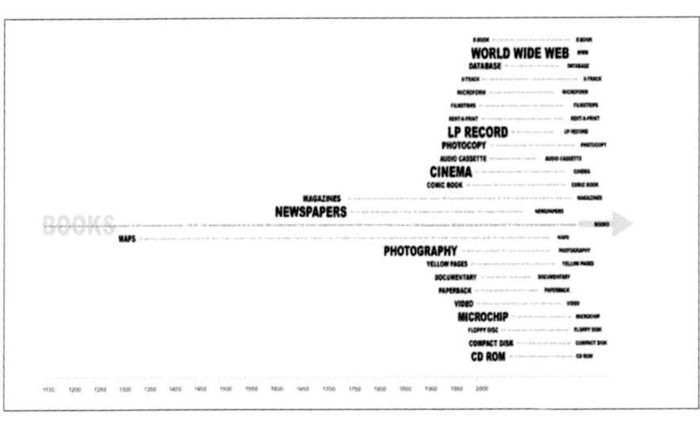

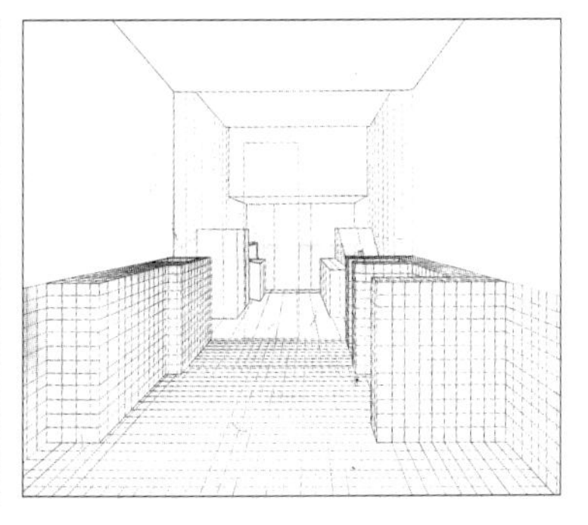

仅靠实用主义不足以解决这个问题。批判性地检查活动和相关的惯例。要特别注意身体尺寸、移动、日常作息及尺度。由于空间的紧密本质，所以需要仔细考虑材料。

总面积限制在 240ft^2（22.3m^2），但最终的房间尺寸可能会变化。最小的房间尺寸为 6ft×40ft（1.8m×12.2m），入口设置在较矮的墙上。房间的视角朝南。拐角房占据楼层的东南角。房间净高 12ft（3.7m）。天花板高度不可小于 6ft8in（2.0m）。假设房顶厚度为 18in（45.7cm），外部承重墙厚度为 12in（30.5cm），房间内部边墙厚度最小为 6in（15.2cm）。房间内部添加的墙壁厚度可以任意。可以改变地面地形，但进入房间的入口必须处于同一层。地面厚度为 42in（1.1m），可内挖深度为 36in（91.4cm）。

开始设计过程

采取行动

- 从正在淋浴的人的角度制作一系列表现淋浴行为的草图，至少五幅。想想人的移动和动作，以及浴室活动所需的空间。
- 定义习惯、休息、行进、入口和常规。
- 调查与沐浴、放松和最小睡眠空间相关的身体比例和尺寸。
- 问自己问题：坐、靠或站在物体下的理想高度是多少？
- 测量并记录身体在坐、躺和阅读时所占据的空间。
- 查找历史先例。
- 研究浴室和酒店客房。考虑其他应对小空间挑战的例子，例如潜水艇、火车车厢、轮船或房车。

提出想法

评估并分析调研内容。试着从这项调研中阐明你的想法。通过绘图和制作模型来表达想法。

探索构思

考虑如何分离或组合干湿空间。如何传达习惯？考虑身体如何从空间中通过。考虑每个元素。例如盥洗盆。什么是盥洗盆？高度多少？水从哪里流出来？什么材料？为什么在那里？你需要浴缸吗？你何时需要？从上方进入吗？将这类问题应用于房间里的每个元素。重视固定装置、墙壁、占用空间和身体之间的关系。

用 1 ∶ 96（1/8in 表示 1ft）或 1 ∶ 48（1/4in 表示 1ft）的比例制作 3 个研究模型，探索不同的构思。绘制一系列视点在空间内部的透视草图。图解构思。保持简单。在整个过程中重复这些练习。

最终图纸应以 1 ∶ 32（3/8in 表示 1ft）的比例完成绘制，且包括剖面图、平面图及不同的三维表现，包括一个模型。

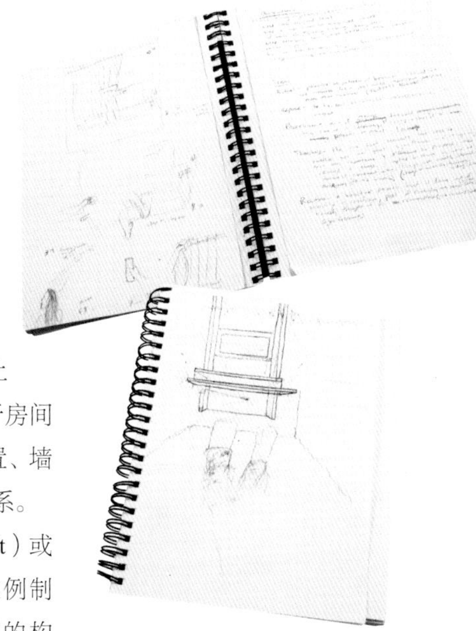

↑ **设计构思**

使用各种表现技巧在草图本中记录设计构思。

案例研究 5 士兵纪念碑设计竞赛

设计竞赛是建筑公司获取生意和获得认可的一种手段。新兴公司有机会与更成熟的公司竞争项目。比赛并不总能为获胜者提供建造获奖项目的机会，许多是“创意竞赛”，其中潜在的解决方案比实际获胜的设计作品更优先得到考虑。

竞赛摘要

为 400 多名在战斗中丧生的士兵在城市的大学校园内设计一个士兵纪念碑。

建筑师

“建筑工作室”，莫・兹尔和马克・罗尔勒。

概念

三个平行元素组成了现场：两个空间元素和一个垂直元素。黑色花岗岩墙、沉思花园及公共广场坐落的位置可以有多个空间解读。

在花园内铺设了一面用 13 个条带和 50 只灯交织而成的抽象的美国国旗。北边和东边的白桦树用来充当框架装置。精心策划的视角确保了空间在视觉上的保护性和纪念活动的开放性之间的平衡。

黑色花岗岩墙是双面的。它的南立面朝向校园，作为校园生活的背景，而北侧的沉思墙反映了战争和失去的紧密本质。面向公共空间的一面用激光刻的壁画描绘了冲突画面。隐蔽的一面是纪念碑的焦点，每个士兵都用一块不锈钢板来表示。278 块钢板反射着游客的面孔，将死者与生者联系在一起。它们被设计成可触摸、可举起的效果，代表每个士兵的个性，并表达出士兵的团结一致。钢板随机分布，然而，当游客在墙上查找名字时，也能通过抽象钢板上的个人信息与其他阵亡的士兵联系起来。

校园概念

该设计采用两种策略回收城市校园的剩余空间：

- 创造一个更正式的空间。
- 编排一个视觉序列，在校园动线和场所之间建立联系。

参观这些地方

- 由埃德温・鲁琴斯爵士（Sir Edwin Lutyens）设计的“蒂耶普瓦勒失踪人员纪念碑”，法国蒂耶普瓦勒
- 越南战争纪念碑，美国华盛顿
- 柏林犹太人纪念碑
- 纽约世贸中心纪念碑

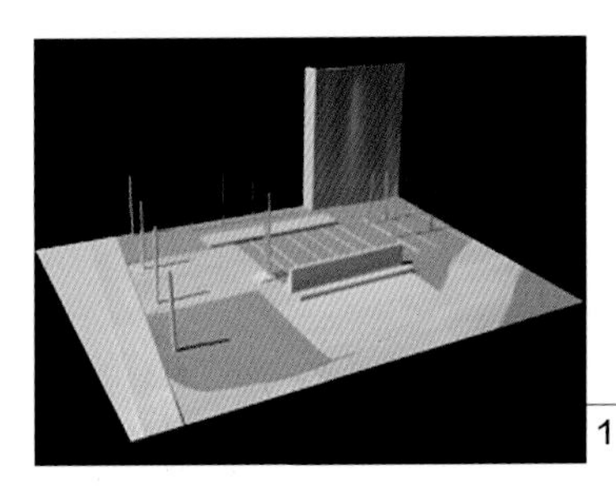

1

2

3

↑ **表现手法的范围**

在设计过程中用来检测项目空间清晰度的椴木模型（图 1）可以与建成项目（图 2）进行比较。用于募集资金的透视表现手法（图 3）呈现出拟建设的现实景象，强调了由纪念墙所定义的空间。

案例研究 6　建筑实体模型

通过比例模型和图纸表现建筑理念有局限性。然而，全尺寸物体的结构和建筑组建可以将理念转译为现实。

阶段 1　临时平面图安装

拿到 240ft^2（22.3m^2）的“旅行者的空间”（见第 126 页）平面图，使用胶带、粉笔、绳子、易拉罐、灯泡等材料和人暂时将其转移到一个平坦的地面上进行全尺寸安装。安装完成后，在设计中走一走，体验组件与相邻组件的关系，开始了解所创建的空间。

阶段 2　全尺寸实体模型

构建“旅行者的空间”项目的全尺寸实体模型。使用绳子、纸张或其他临时材料，找一个能够容纳这类活动的地方。这将建筑学上的表现转译成建筑学上的真实空间。在全尺寸实体模型中，对结构、空间及材料的考量变得非常明显。

↓ **建造空间**

学生利用建筑物的现有基础设施，用绳子和纸构建出旅行者的房间。这个临时空间让学生看到了与建造施工、团队合作和构建空间相关的整个设计过程。

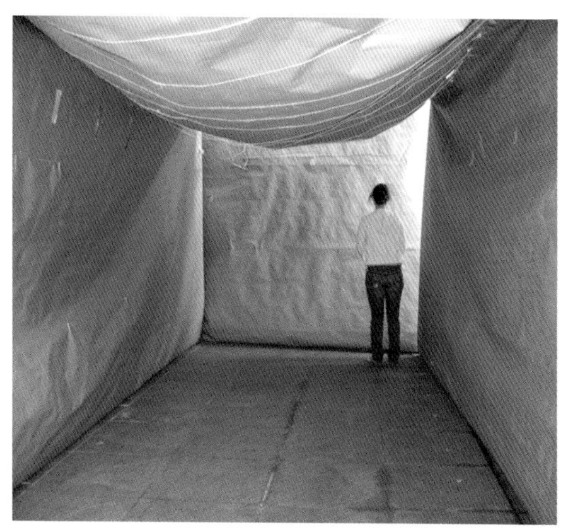

第35单元 在表现手法之间转换

手绘提供了将思想转移到纸上的最直接方式。构建二维和三维图像的知识，以及亲手把它们转录到纸上，并通过草图分析构思的思考能力，为建筑设计奠定了基础。

虽然数字软件变得越来越复杂，但徒手绘图仍然是必要的技能和资本。它能够在你的想法和页面之间建立最直接的联系。各种数字程序就像铅笔一样，都是设计工具，要了解何时使用它们、它们的功能和局限是什么，确定各项任务最适合使用哪种工具。了解如何使用各种可用工具意味着要能够控制它们。

使用数字工具有一个局限性，那就是从屏幕到纸面的转译。打印机类型及其功能在很大程度上决定了打印图像的颜色和分辨率。

学会如何：

- 手绘 / 素描。
- 制作模型。
- 使用数字程序。
- 在数字平台和手工平台之间转换。
- 用三维的方式思考及观察。

扎哈·哈迪德

扎哈•哈迪德（伊拉克，1950—2016年）在国际建筑界的突出地位是有目共睹的，不仅因为她所创作的作品（概念性的和建造性的）的重要性，还因为她做到这些时所身处的文化。扎哈是一群男性中唯一的女性。她是第一位获得普利兹克奖（2004年）的女性，也是第一位获得英国皇家建筑师学会颁发的皇家金奖的女性（2015年）。她在男性主导的学术和专业领域的突出地位证明了她的作品的重要性。扎哈与艺术家、设计师和工程师的合作实践，将建筑和景观与尖端技术紧密结合，创作出国际公认的项目。

↑ **解读场地和文化**

扎哈•哈迪德设计的阿塞拜疆巴库的阿利耶夫文化中心，模糊了室内与室外、墙壁与天花板、地板与墙壁的界限。通过空间的起伏、流动和折叠，建筑和景观通过一个连续的表皮融合在一起。该结构的设计是用先进的计算机完成的。

案例研究 7　单速设计事务所——从数字到制造

建筑师

单速设计事务所，朴金熙和洪约翰（Single Speed Design, Jinhee Park and John Hong）。

数字技术的进步使建筑师能够将复杂的几何形状快速地可视化。这个名为“王牌凳子”的大型模型是使用 CATIA 软件开发的。胶合板的弯曲能力等因素作为曲线的生成规则被输入其中。最终，将三维形态转换为二维投影，弯曲的组件分布在两个轴上，这样就可以完美地从平面上进行取材了。有趣的是，在实现从数字到现实的飞跃中正投影成为了最重要的因素。

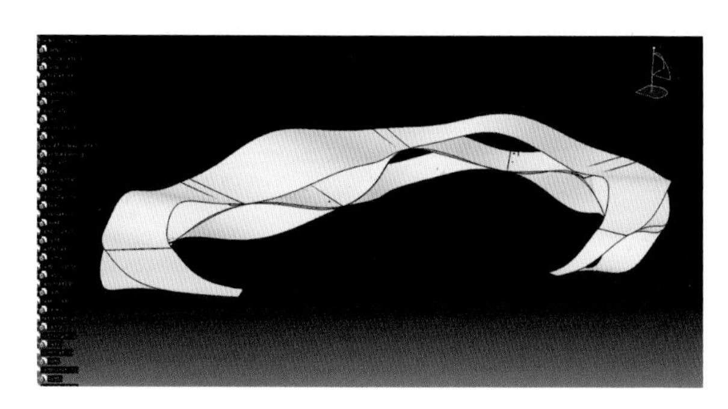

← **数字模型**

CATIA 模型的屏幕截图展示了结构组件的三维形态。

↓ **从二维到三维**

胶合板由二维形态弯曲成三维体块：全尺寸数字模板简化了从二维到三维的转译。

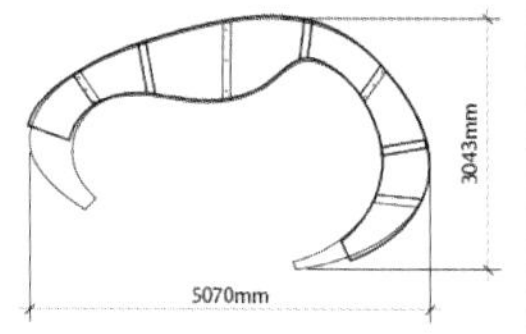

← **从三维到二维**

曲线形态转换为二维投影用于制模。

→ **作为家具的模型**

将薄材料弯曲成蜂窝结构，用更大的尺度检验结构理念。

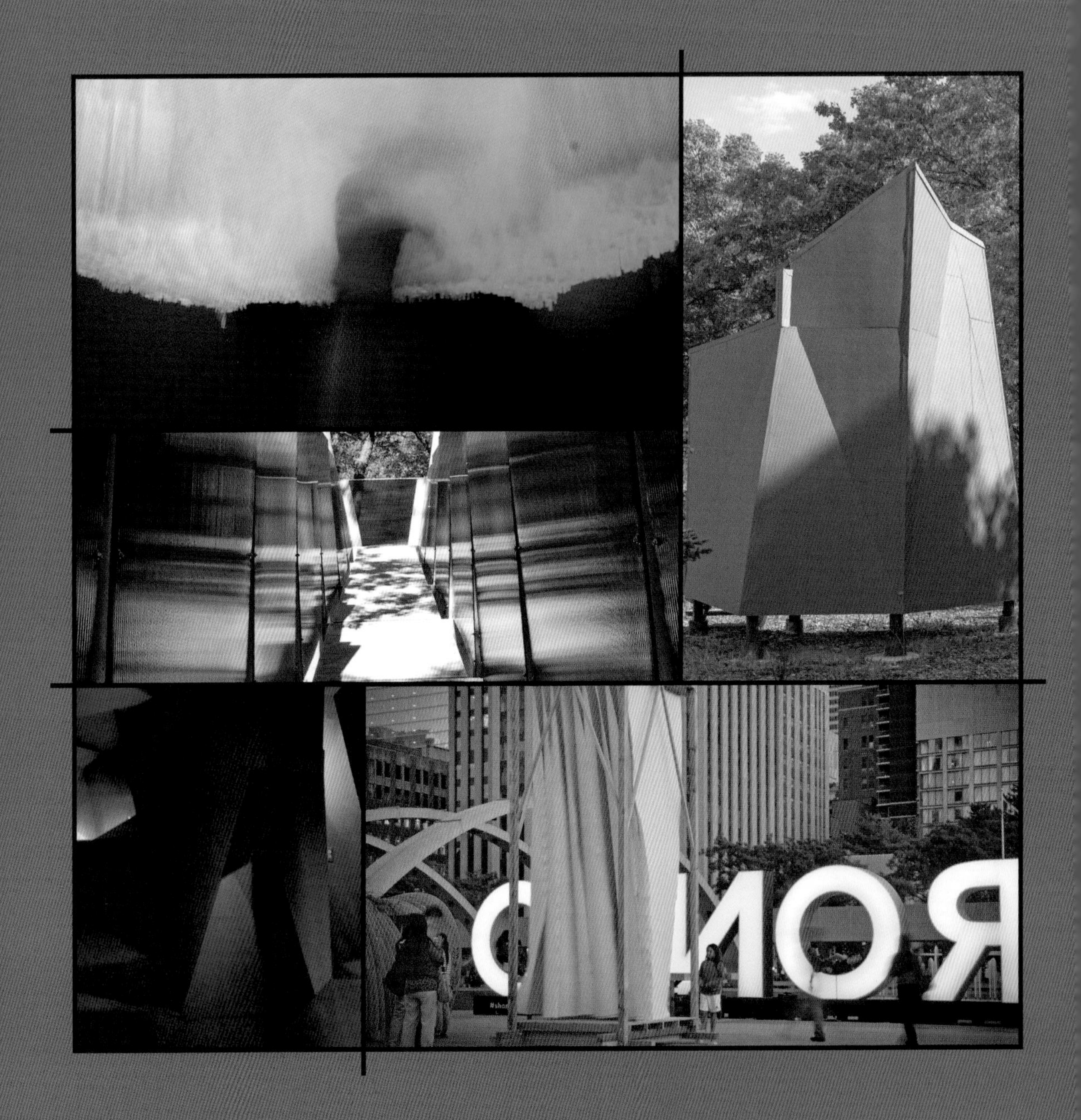

第 7 章

进入专业

ACCESSING THE PROFESSION

本章将详述进入该行业的各种选择、美国的建筑院校目前提供的学位，以及不同类型的课程。此外还会消除关于建筑学专业的谜团和谣传。电视节目、外行人及媒体经常让这些谣传经久不息。

第36单元　建筑事业

建筑师必须具有创造能力和实操能力。他们富有想象力的设计基于专业知识，而他们的沟通技巧是与客户、承包商和地方政府进行有效交流的必要条件。

建筑事业适合任何热衷于改变世界的人。建筑师通过对场地、背景、社会、文化和政治的深切拷问，在建成环境中留下自己的印记。建筑师从事各种类型的项目工作，包括私人住宅、改造性再利用项目（把现有结构重新开发为新项目），以及大型商业或工业工程。设计过程可以应用于任何规模的项目，无论是像家具那样小规模的，还是像城市那样大规模的。

建筑师可以在私企或国企，以及地方或国家政府机构中从事大型或小型工程。无论建筑师选择哪种类型的业务，合作都是其中的关键组成部分。这可能包括与客户、顾问、工程师、当地社区及相关专家的讨论。

在建筑师获得执业资格证或称自己为建筑师之前，他们通常必须完成三个阶段：教育、实践经验和考试。

教育

侧重于取得从业资格的教育，需要在官方认可的建筑院校中学习。各个学校有各种不同的兴趣领域，因此一定要找到符合你的需求、兴趣、地点和预算的学校。鉴于学校提供的选择多种多样，最好在一个经过注册和许可的网站上核实当前的教育要求。

网站

建筑学资源：

www.archinect.com

www.archdaily.com

www.architizer.com

www.imadethat.com

www.archpaper.com

林璎

林璎（Maya Lin，美国，生于 1959 年）因设计美国华盛顿特区的越南战争纪念碑（上图）而成名。她的项目包括装置、雕塑、大地艺术和建筑，具有与该开创性纪念碑相同的空间清晰度和文化相关性。林璎是一位环境艺术家，她的作品突出了人类与自然之间的文化和物质的联系及相互依存的关系，同时提供了一个透镜，给了我们可以更好地理解这种关系的视角。她的设计过程包含能够让她探索项目的意图和意义的强大的口头和书面内容。林璎大量的工作成果反映出这个行业规范的变化。

建筑院校要让毕业生成为具有批判性思维的思想家，让他们能够分析问题，并给出问题的多种解决方案。建筑学问题并不只有一个单一的解决方案。在学校学到的技能为毕业生提供了大量的就业机会，包括追求建筑学实践经验和职业资格许可证，也还包括以下职业：

动漫
社会公益
建筑
施工管理
工程
服装设计
电影
地理信息分析
平面设计
工业设计
室内设计
景观设计
法律
照明设计
市场营销
音乐
摄影
房地产开发
布景设计
教学
城市规划
网页设计

工作经验

在建筑工作室工作是了解如何开展专业业务的绝佳方式。可以采取短期见习、暑期实习或全职实习的形式获取相关经验。

见习

参加设计公司短暂沉浸式见习的学生，可以发现和探索各种职业机会，通常为期一至两周。见习被视为是短期的实践经验。见习过程中，学生将课堂知识与实际经验相结合。他们拓宽了自己的人脉，在实践中与能够作为导师的专业人士取得了联系。在许多情况下，见习有助于从学校到专业业务的过渡。见习期间参加的实践活动包括进行研究、起草文稿、参加城市规划或客户会议，以及参观建筑工地。大多数学生在公司见习期间会体验到某种形式上的工作观察。公司提供各种各样的体验,改变日常活动，以便见习生在五天的时间内看到公司业务的几乎所有方面。

实习

毕业生或在校生在参加实习时可以沉浸在设计的各个阶段。这些较长时间的经验反映了专业实践中的活动，并提供了发展成为持证建筑师所需的业务能力的机会。实习提供了探索、发展和完善从事建筑事业所需的各种技能的机会。

考试

在完成教育要求和实践经验后，许多市政当局要求你参加考试，才能成为注册建筑师。

谣传

要想成为一名建筑师，你必须擅长数学。

虽然了解基本几何、代数和微积分有助于建筑学的研究，但是，比起拥有高水平的数学技能，更重要的是要拥有创造性和开放的思想。

要想成为一名建筑师，你必须是一名出色的艺术家。

虽然知道如何画画是一项很有用的技能，但是它并不是进入建筑院校的必要条件。更重要的是学习和练习的意愿。素描和绘画是可以学习的技能。

建筑师能赚很多钱。

刚毕业的建筑师的年薪可能在 34000 美元到 52000 美元之间，具体取决于地点、市场、建设周期、经济（地方、国家和全球）、经验和公司类型。改变世界的热情，而非金钱，应成为建筑师的动力。

你应该有一个专业领域。

设计是一项适用于所有规模和美型的项目的技能，不需要一个专业领域强过其他领域。公司在设计某些类型的项目方面积累了专业知识，但是受过良好教育的客户需要了解受过良好培训的建筑师可以设计从家具到建筑物乃至城市的任何东西。

网站

更多有关详细信息，请访问：www.studyarchitecture.com/an-

第37单元　设计作品集

作品集是一个精心编排的设计作品视觉记录。它不一定是所有工作的合辑，而是一系列展示设计特定方面的集锦，也是设计过程的高质量表现。仔细考虑作品集要囊括哪些项目，以及每个项目展示到什么程度。

↓ 作品集展示

小册子的组织和展示的内容应反映出你自己，以及你的技术和审美。剪辑你的作品，使之简洁。用清晰、简洁的方式总结项目信息。

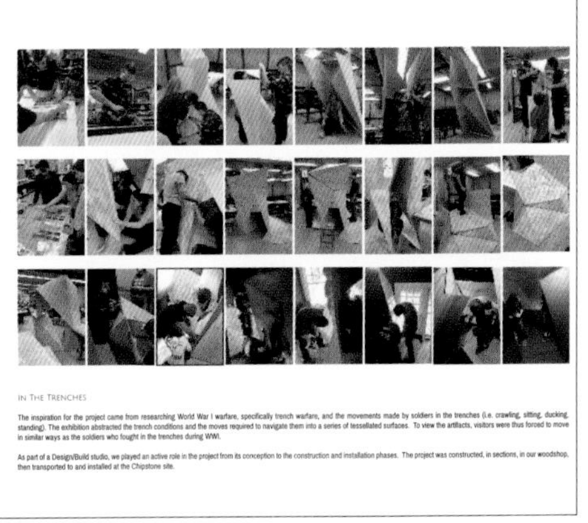

各种受众需要的作品集

进入建筑学院

这类作品集包含表达你的创造力和思维过程的图像。本科招生委员会并不指望在这本作品集中看到建筑图像。

学生作品集

这类作品集包括理论上的设计项目和任何额外的相关课程作品，如照片、绘画或雕塑。

竞赛/补助/奖学金作品集

取决于摘要，要突出强调你的作品的一个特定方面。

职业作品集

这类作品集包括已建成的作品的完整图像，用来向潜在客户展示。

定制作品集

作品集应反映出你思考问题的能力，也就是突出你的设计过程。随着数字制图和模型的普及，通常能够让你与众不同的是你解决问题的能力。例如过程图像，包括草图、研究模型、过程模型和图解。此外，过程表现需要由美观、精心制作的最终展示图纸和模型作为支持。在作品集中展示各种作品，包括正投影图、三维图像和模型。

应仔细考虑作品集的所有内容：页面大小、布局、每页和每个项目的图像数量、图像的位置和大小、文字的数量和大小。修改或调整任何不符合“优秀标准”的图像，然后再将其收录到作品集中。为你的作品集设计一种模式——一个在各页之间易于识别且灵活的系统。看看书籍和杂志是如何组织的。考虑设计一个双页展开式与单页布局式排版。灵活地考虑小册子本身。作品集的设计与其他设计项目相似，是一个需要时间和多次剪辑的推敲过程。

阅读书目！

玛格丽特·弗莱彻
（Margaret Fletcher）
《设计有说服力的作品集：你唯一需要的启蒙读物》
（*Constructing the Persuasive Portfolio: The Only Primer You'll Ever Need*）
罗德里奇出版社
（Routledge）
2016 年

约翰·凯恩
（John Kane）
《排版入门》
（*A Type Primer*）
劳伦斯·金出版社
（Laurence King）
第二版，2011 年

艾琳·路佩登
（Ellen Lupton）
《关于排版设计的思考：给设计师、作者、编辑和学生的重要指南》
（*Thinking with Type: A Critical Guide for Designers, Writers, Editors, & Students*）
普林斯顿建筑出版社
（Princeton Architectural Press）
2010 年

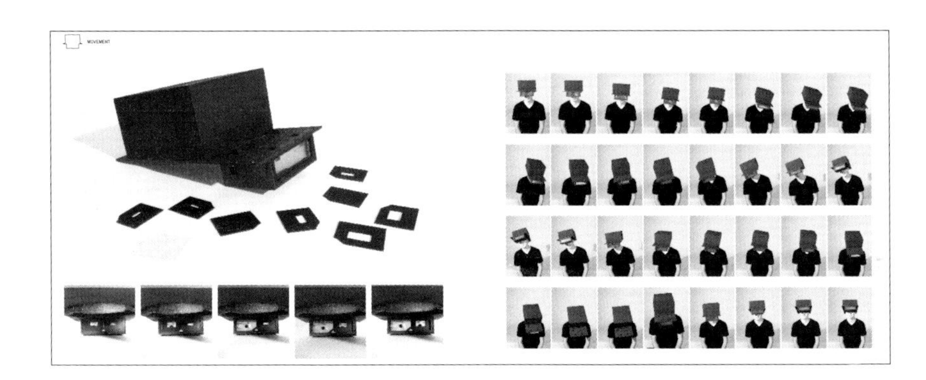

← 动态布局

这种全幅页面经常用于策略性地介绍项目，而 32 幅小型连续图像汇聚成一个单独区域，代表一个大幅图像。

文字和字体

文字是视觉信息，是构图的一部分。文字应该尽量简短。选择支持作品集和图像叙述的字体。一般来说，不要以文字为中心，要将其与图像边缘对齐。不要拉伸文字。限制使用粗体字和斜体字。翻看作品集时，如果在注意页面内容之前注意到了页面布局，则需要重新编制。如果在注意内容之前注意到了字体，则要另找一种不那么显眼的字体。

组织

把你最好的作品放在作品集的开头。你要用最好的设计和表现引起观众的兴趣。通常，第一个项目应该也是你做过比较复杂的项目之一。一般来讲，每个项目占 1 ~ 4 页，这取决于项目的复杂程度、表现形式及受众。

装订

包括无线胶订、螺旋装订和线装。不要用廉价的塑料夹或透明的封皮。有皮革或金属材质的活页夹，不过派发多份作品集的时候成本高昂。还可以选择用胶带和扣钉自行装订。如果你需要经常更换作品集，一定要考虑好装订方式的选择是否合适。按需印刷是最常用的印刷作品集的方式。诸如 www.lulu.com 或 www.blurb.com 都是值得访问的网站。

模式

将重复元素放在每页的相同位置。例如，在本书中，每一章都有一个相关的数字，它位于每章第一页的同一位置，位于展开面的同一侧。不要让图书的排版破坏内容。

纸张

一定要选用高质量的纸张。为打印机购买合适的纸张可以实现更好的打印效果。作品集印刷常用质量重、哑粉或光面纸。

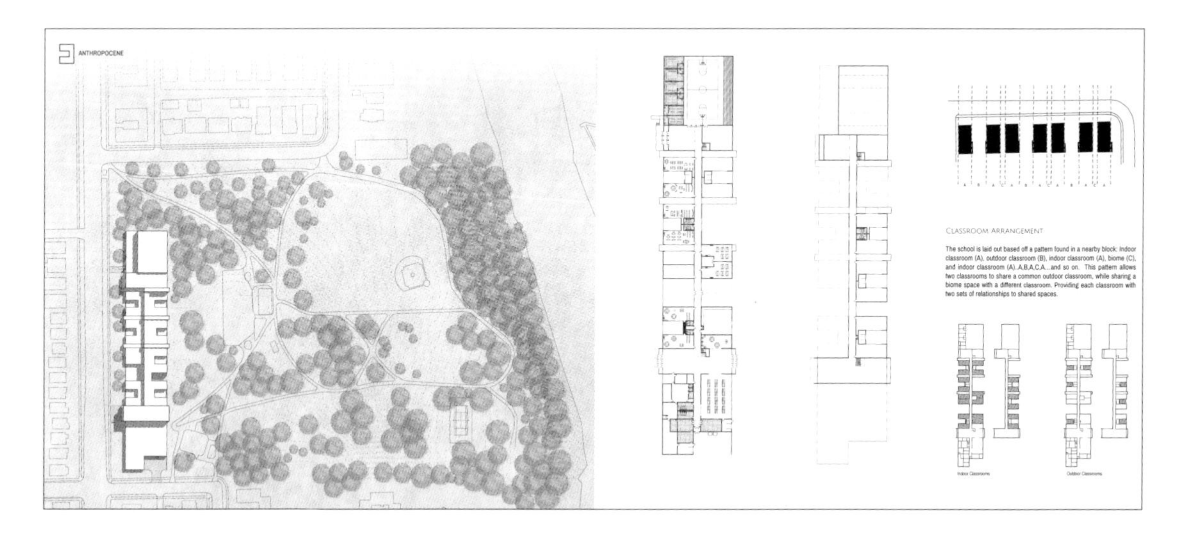

↑ 图像的层次结构

大图像和小图像都要收录。每页或每个展开幅面都应有一个“最重要”的图像。这个图像应该是最大的、彩色的，或者以某种方式突出它是最重要的。

作品的多样性

在学术作品集中，展示各种高质量的设计作品是非常有效的。不要让个人感受或情绪左右你在这方面的决定。例如，要收录批判性的、引人注目的照片和艺术品，而不是因为它们包含你最喜欢的宠物的图像。一般来说，你可以收录摄影、平面设计、雕塑、绘画和家具的图像。

随着专业经验的获得，你开始在作品集中收录专业作品。记住归功于相应的公司，并说明你在所呈现图像的设计、绘图或开发中发挥的作用。

最好收录进工程文件的详图中，尤其是如果你以某种方式参与了、设计了或做出了贡献。你一定要了解详图的内容，并准备在面谈时向其他人解释。

简历

你的简历是另一种设计表现形式。其视觉评估方式与评估你的作品集相同。因此，选择一个好的字体至关重要。你简历中的字体选择应与你的作品集保持一致。对你以前的工作，以及与每项工作相关的角色要陈述清楚，包括所有相关的工作经验。将简历视为设计问题：评估现有的逻辑和通用格式，从中学习，并根据需要进行修改。经常更新你的简历和作品集。

↓ 页面的使用

你的作品集的页面和你的画纸相似，将留白作为构图策略的一部分。

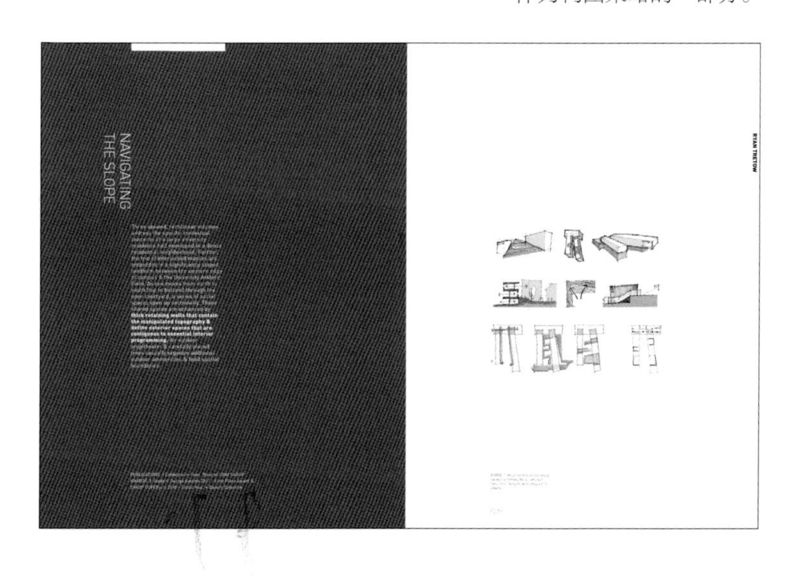

文件存档

不要在你的作品集中收录原作。要么扫描你的作品，要么对其拍照。

备份模型和炭笔画时，需要一台高质量的数码相机。如果在室内拍摄，请使用灯光和黑色或白色薄板作为背景。如果在室外拍摄，请用太阳作为光源。模型在阳光下投射阴影，因此将模型与太阳方向对齐。要注意，白色材料在阳光下会有一些褪色的倾向。阴天的光线柔和、均匀，最适合拍摄。最大限度地减少照片背景杂乱。

使用扫描仪备份平面作品。如果没有大型扫描仪，小型扫描仪也可以。使用大型扫描仪时，复印店要收取一定费用，通常按平方英尺或要扫描的纸张区域大小收费。灰度或彩色扫描图像的分辨率至少要 300dpi。将图像保存为 jpeg 或 tif 格式。

应当备份每个项目的最终设计和设计过程，以便将来有更多的图像可以选择。备份文件包括构思草图、研究模型和过程模型。

Adobe Photoshop 等数字软件用于处理图像，而 Adobe InDesign 可用于组织页面布局。

← 其他设计作品示例

这一系列的页面显示了为学术型研究生作品集制作的家具设计系列的介绍和后续页面：

1. 新项目介绍

2. 项目的标题页

3. 项目详情

← 元素的层次结构

这种作品集使用大的剖面透视图和一系列小体块模型来强调庭院空间的重要性。

第38单元　工作经验

工作经验是建筑学教育的重要组成部分。公司中的岗位可以让你直接了解不同的实践是如何创建和思考的。工作室的经验提供了从方案设计到施工管理的各个阶段的工作机会。由于各个公司的规模和类型各不相同，因此重要的是找出哪个最适合你。

↓ 实习生的角色

在设计工作室工作通常需要与同事、顾问、社区和客户进行协作。协作活动可以从绘图和制作模型到参加客户和顾问的会议。

在工作室工作时，你可能会发现的一件事就是每个人都在进行各种活动。在工作中，要吸收一切，提出各种问题，倾听，不要害怕发表意见。

社区参与

在建筑领域工作意味着在各种社区中工作并与其合作。社区参与就是与当地利益相关者建立关系，以便设计师可以更好地了解社区的需求，与社区成员合作研究这些需求（作为一种研究形式），然后将这些想法解释或表达成为社区服务的空间和场所。

← 社区关系

社区参与设计过程的工具和结果。

网站

更多关于社区参与的信息，请查看http://thefieldschool.weebly.com。

案例研究 8　为非传统的工作室工作

建筑师

美国设计集团（Design Corps，www.designcorps.org）。

起因

北卡罗来纳州是美国农场工人人数最多的地区之一。根据国家农场工人健康中心的数据，农场工人支撑着美国 280 亿美元的水果和蔬菜产业，其中大部分是手工采摘。尽管农场工人在食品经济中发挥着不可或缺的作用，但他们是美国经济上处于最不利地位的人群——许多人年收入不到 1 万美元，超过 60% 的家庭收入低于贫困人口标准。低收入与糟糕的住房条件相关，住房条件通常不合标准，甚至根本不存在。即使是“金星级别”的种植者，为他们提供的一些最好的住房选择，也只符合州法规标准：每 30 名工人一个洗澡盆，每 10 名工人一个淋浴喷头，每 15 名工人一个马桶，紧急情况下没有床垫和电话。过度拥挤、卫生设施不足及不安全的结构缺陷只是农场工人住房的一部分现实状况。

美国设计集团开发了农场工人住房计划，在农场建造优质的新住房。该计划在开发设计过程中与农民和工人建立合作关系，并通过联邦资金的协助让他们能够负担得起。该项目是北卡罗来纳州的一个住房试点项目，是专为那些生活在不安全的住房条件下并且决心提高居住状况的农场工人而设计的。

方法

当人们参与到改善他们生活的决策中时，美国设计集团的愿景就实现了。这个设计过程需要综合三个主要利益相关者的想法：农场主、农场工人和州住房金融局。这一参与过程由会议、调查和讨论组成，并与材料和预制房屋的研究相结合，提供价格合理、耐用且可持续的住房选择。

美国设计集团设计过程组建

1. 参与过程

对农场工人的调查、实地考察和研究是关键组成部分。

2. 健康的住房

其目标是通过设计来改善农场工人的生活，这些设计符合既合适又健康的住房原则，考虑文化习俗和日常生活。

3. 制造过程

该项目利用了预制房屋的优势，包括经济、速度和废物最小化。鉴于预制房屋的一些限制，包括标准尺寸和材料的选择，该项目是预制组件和现场构建部分的综合，将预制组件在现场集成。解决太阳朝向、对流通风和建筑面积的问题，现场建造的部分由总承包商完成。与总承包商合作，允许对预制部分进行修改并引入尽可能多的能源和可持续材料策略。

4. 可持续性

该设计整合了可持续性、经济性和耐久性问题的策略，包括被动太阳能、浅色外壳系统、对流通风和低流量的固定装置。室外花园的设计旨在帮助获取太阳能，并解决和改善农场工人的粮食不安全状况。

5. 影响

该项目的结果显著解决了问题的成因：解决方案如何在环境中发挥作用？参与者、社区和 / 或受众对结局产生了哪些变化或结果？

→ 公益设计项目

这个小屋是 2005 年美国设计集团在卡特丽娜飓风后，为墨西哥湾沿岸住在联邦应急管理局拖车活动房屋里的居民设计建造的。

第39单元　全尺寸制作

许多设计 / 建造项目可分为展览、装置和展馆。它们可以是临时的或永久的，反映了材料的选择、预算和施工方法。

将抽象表现转译为全尺寸是建筑师教育的重要组成部分，通常被描述为设计 / 建造项目或工作室，这些形成了一个强大而有效的向学习建筑学的学生讲授海量问题的方法。包括但不限于构造施工、材料查询和社区参与。设计 / 建造是将学生带出课堂的一种方式。设计 / 建造项目在抽象建筑学和结构建筑学之间进行协调，将设计意图伴随风险和回报转化成了全尺寸结构。

↑ 非传统展览 →

在这个非传统的展览中，一系列铸型环氧树脂板材弯曲成一个弯曲的空间，围绕着一个陶瓷大水罐。点亮面板以强调它们在昏暗的房间背景下的透明度。

阅读书目！

萨拉 · 博纳迈松和拉尼特 · 艾森巴赫
（S. Bonnemaison & Ronit Eisenbach）
《建筑师们的装置：建筑和设计的实验》
（*Installations by Architects: Experiments in Building and Design*）
2009 年

马库斯 · 麦森和舒蒙 · 巴萨尔
（Markus Miessen and Shumon Basar, eds.）
《有人说参与了吗？空间练习地图集》
（*Did Someone Say Participate? An Atlas of Spatial Practice*）
2006 年

网站

www.dbxchange.eu

www.archdaily.com/category /installation

展览

建筑展览通常是与博物馆、画廊或其他展览场所相关的公共展览。展览经常使用博物馆藏品作为研究、质疑和构建叙事的背景。展览通常有其内部和外部作用：收藏背景下的经营角色，博物馆（或藏品的主人）的背景；在材料调查和用户体验背景下的物理角色；挑战公众观念、唤起知识创新和质疑艺术的社会角色。

示例：

- 威尼斯双年展
- 芝加哥建筑双年展
- 5×5：参与式挑衅（由 25 位美国年轻建筑师展出 25 件建筑模型）

案例研究 9　混合展览和装置

项目

打造 / 拆除博物馆——博物馆展览被视为质疑和挑衅与建筑、文化和社会相关的问题的工具。该项目利用了快乐与必然之间的联系，因为它们涉及对象（藏品）、装置（形式和材料）和文化（社会）。博物馆不是展示艺术收藏品的中性背景。展览的尺度、形状、颜色、文字、框架、材料和叙事都会影响艺术的阅读。展览物体不在其原始背景环境中呈现，因此需要解释和说明。设计一个能够激发观察、理解和体验艺术的新方式的房间。

合作伙伴

Chipstone 基金会。

建筑师

美国威斯康星大学密尔沃基分校建筑与城市规划学院（UWM SARUP）建筑学学生：凯尔西 • 德特曼（Kelsey Dettmann）、凯拉 • 德 • 瓦利斯（Kayla De Vares）、萨拉 • 格里夫（Sarah Grieve）、加略特 • 汤美诗（Garett Tomesh）。

过程

对象研究：什么是藏品？物体是如何处理的？

展览研究：展出的物品是什么？这些物体的尺度是多大？

原型设计和材料研究：初步设计。建立现场；模仿不同的设计理念；展现展览的态度；调查。

安装。

搭建装置

第一次世界大战的陶瓷纪念品，被视为战场上的“战利品”，代表人们对建筑成就的骄傲，以及对个人和国家损失的悲伤。穿过抽象的战壕，这个装置通过工艺品的布置和游客身体相对于工艺品的位置来探索如何在工艺品之间、工艺品与游客之间产生联系。

灵感

展览抽象出战壕的环境，以及在一系列网格状表面的战壕中的移动轨迹。为了观察这些作品，游客被迫用与第一次世界大战期间在战壕中战斗的士兵相似的方式移动。

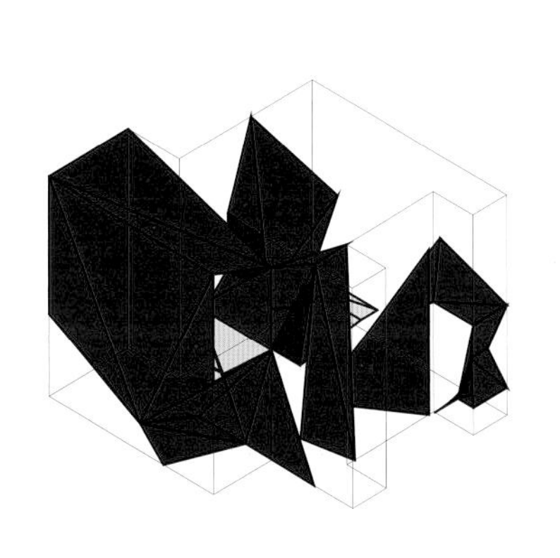

↑ 测试图解

在这个关于第一次世界大战时期的陶瓷玩具纪念品的展览中，图解用于测试倾斜的面板。

↑ 研究模型

使用研究模型测试初始的设计构思。

↑ 参与展览

除非游客移动并参与展览，否则纪念品玩具将被“隐藏”。空间的昏暗反映战壕中生活的不确定性。

装置

装置是一种临时的建筑形式，通常不区分内部和外部。对于装置而言，经验就是金钱——没有特定的规则——人类的能动性将无规则地转变为个人能够控制空间的能力。

装置艺术给出了评判。它们需要一种批判性的立场，提供既可以解决问题，又可以提出问题的机会。它们的临时性需要一个建造和拆解的计划，这反过来又提出了关于物质性和浪费的道德问题。它们的尺寸通常比一件家具大，但比一个房间小。

装置艺术（避开建筑永久性围护结构的作品）是艺术、建筑、表现和技术的融合。装置艺术探索建筑的广度，而不是建筑本身。它作为空间和体验——通过创造人类互动，以引发对话、响应和讨论的方式，在新空间和周围环境之间进行交流。装置艺术可以作为行动的催化剂。

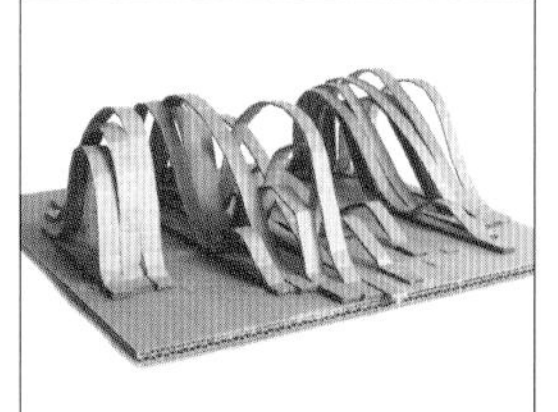
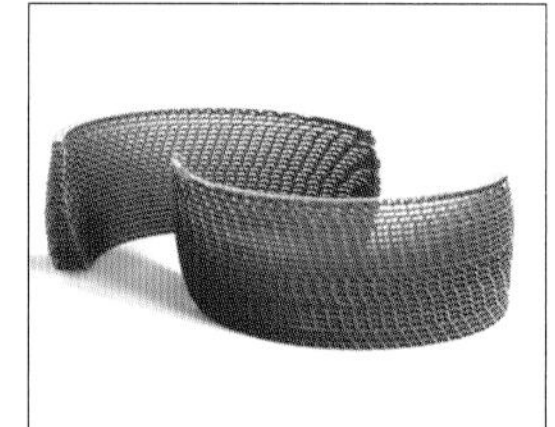
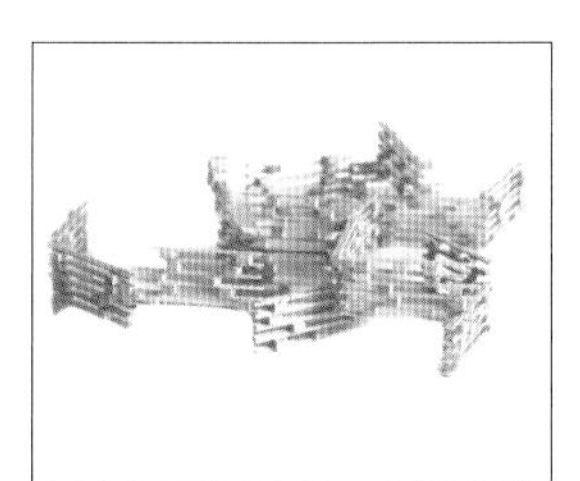
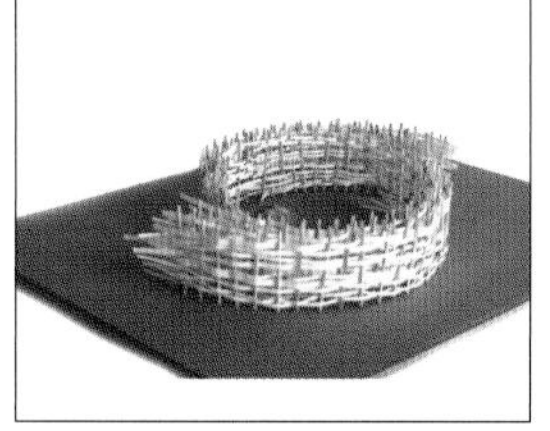
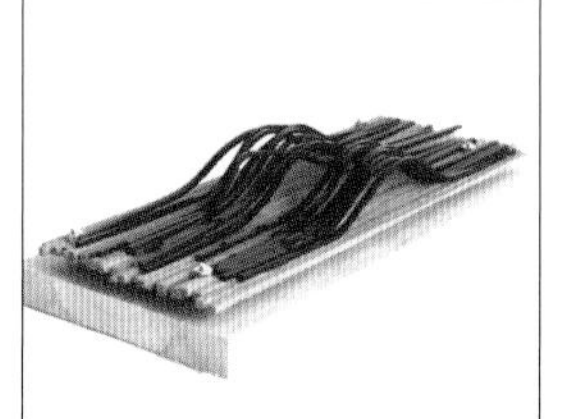
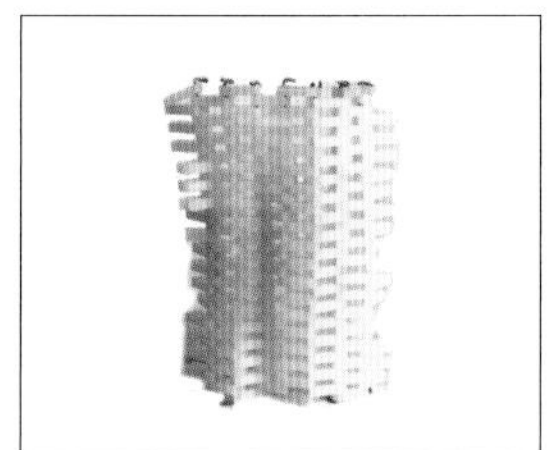
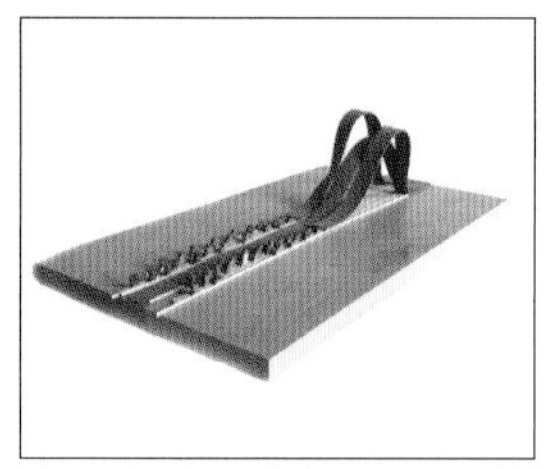

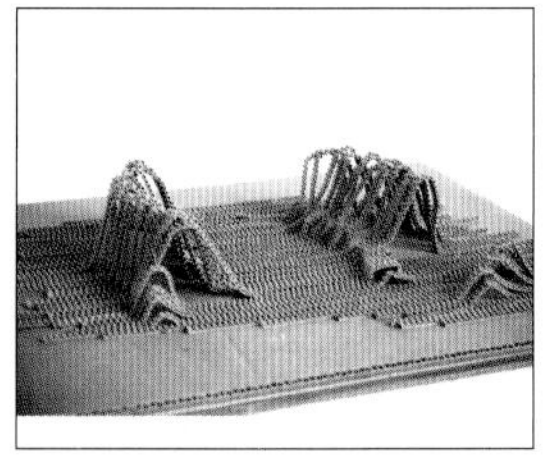

↑ 研究模型

设计过程包括制作研究模型以测试形式和集合。

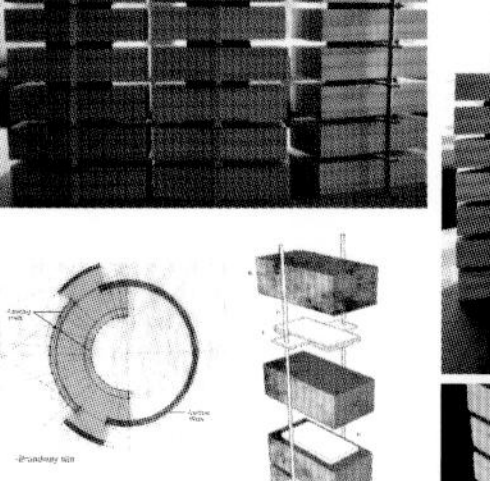

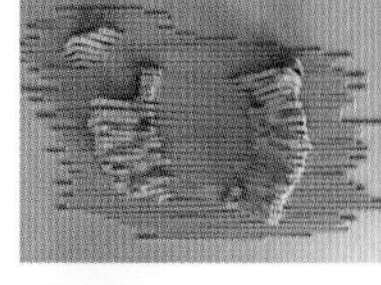

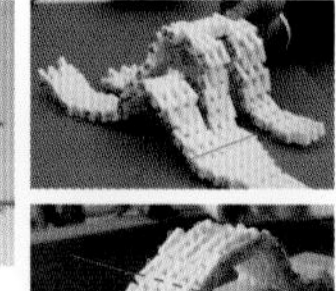

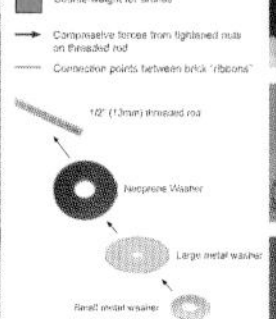
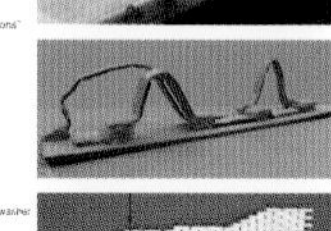
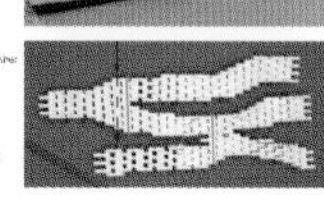

← 表单研究

这些表单描述了用于测试材料、装配和零部件的早期研究。

案例研究 10 临时砖亭

项目

使用砖石建造临时亭。传统假设：砌体仅适用于永久性结构。

建筑师

美国威斯康星大学密尔沃基分校马库斯奖工作室（UWM Marcus Prize Studio）与藤本壮介（Sou Fujimoto）及副教授莫•兹尔。

学生

劳拉•盖纳（Laura Gainer）、罗伯特•圭尔汀(Robert Guertin)、布拉德利•霍珀(Bradley Hopper)、贾瑞德•卡夫（Jared Kraft）、崔维斯•尼森（Travis Nissen）、奥布里•帕克（Aubree Park）、本•潘乐斯基（Ben Penlesky）、达斯汀•如萨（Dustin Roosa）、达米安•罗茨库斯卡（Damian Rozkuszka）、吉米•赛昆茨(Jimmy Sequenz）、纳森•瓦德尔（Nathan Waddell)和凯莉•袁(Kelly Yuen)。

提议

重新思考砖，探索新的连接方式，创建新的砌体结构组件，作为轻质和短期材料。

过程

学生们在密尔沃基研究砖块及其历史意义。砖块重4 ~ 5lb（1.8 ~ 2.27kg），具体取决于砖芯样式、砖芯数量和骨料。学生们创建了学习模型、图纸和全尺寸实体模型（建筑装配系统的一部分），以测试他们对材料、装配、人类交互和空间的想法。

现场

这座未开发的房产坐落在密歇根湖附近的悬崖上。

解决方案

通过对材料的探索，这个工作室设计了一种方法，将砖块连接成看似柔软、波浪般的拱门（不使用砂浆），传统的厚重材料给人以轻盈和俏皮的感觉。这些拱门结合在一起形成一个波纹砖地毯，邀请人们互动，颠覆了传统的亭子。该装置采用了身体使用亭子的常规方式，但这些体验以一种新的方式汇总。虽然砖材和木材都是人们熟悉的建筑构件，但是这些构件的组装改变了人们对亭子的期望。

尺寸为0.5in(1.3cm)的胶合板垫片代替了砂浆接缝。将这些垫片预先钻孔并放置在五孔砖之间（尺寸为3.625in×2.25in×8in/9.2cm×5.7cm×20.3cm),并用0.375in(9.5mm)的钢螺纹杆连接在一起，覆以一个钢螺母和一个盖形螺母。

砖链之间的开口允许草在其间生长并且穿过光线。砖带参考了弗吉尼亚大学托马斯•杰斐逊（Thomas Jefferson）的花园墙，水平旋转了90°。拱门盘旋在地面上并嵌入土地中，有时看起来好像漂浮其上。

该项目的资金由马库斯基金会通过威斯康星大学密尔沃基分校建筑与城市规划学院马库斯奖提供。使用的场地由曼德集团（Mandel Group, Inc.）捐赠。

1

2

3

↑ 安装过程

制作了几个实体模型来测试组装系统的可建造性和耐久性（图1）。现场施工需要一系列木制框架（图2）。最终装置（图3）不仅考虑了人类的使用，而且考虑了穿过砖结构的大自然生长的本质。

装置艺术领域的建筑师：

- 阿曼达·威廉姆斯
- MOS 建筑师事务所（希拉里·桑普尔和迈克尔·梅雷迪斯）
- 卡萨格兰德和林塔来（马克·卡萨格兰德和萨米·林塔来）
- 豪勒＋尹建筑事务所（埃里克豪勒和尹美真）
- LTL 建筑事务所（保罗·路易斯、马克·鹤卷和大卫·路易斯）
- 迪勒·思科费得＋弗兰洛事务所（伊丽莎白·迪勒、理查德·思科费得和查尔斯·弗兰洛）
- SPORTS（莫莉·霍克和格雷格·科索）
- “建筑工作室”（莫·兹尔和马克·罗尔勒）
- is 事务所（凯尔·雷诺兹和杰夫·米科拉杰斯基）
- 土著工作室（克里斯·科尼利厄斯）
- RAAAF 工作室（罗纳德和埃里克·里特维尔德）

展馆

通常，展馆是一种可占用特定场地的装置形式。虽然展览可能是观察者的观察和体验，但展馆是一种散发着参与感的装置。它通常可以随意进出和走动、坐着和站着，并可以布置各种场景。

特定场地的展馆的例子包括：

- 蛇形画廊夏季展馆
- Ragdale Ring 国际设计建造比赛
- 梦想之城 2017 展馆

变革推动者

装置的设计和建造为如何考虑空间体验，设计如何响应特定环境，用户如何与建成环境进行交互，以及设计如何从仔细考虑和特定相关环境中获益提供了宝贵的经验教训。此外，在特定环境中的作品重新定义了如何与这些空间、地点和用户进行交互，以及如何界定可能影响更改的区域。

装置可以赋予变革者的能力，将视觉和综合体运用到建筑环境中，并与社区合作，为设计师提供了一个强大的变革推动者的角色。

作为变革者的学术机构：

- 美国威斯康星大学密尔沃基分校建筑 - 景观 - 文化 - 教学与科研实验基地及威斯康星大学密尔沃基分校社区设计解决方案
- 奥本大学乡村工作室（Rural Studio）
- 弗吉尼亚大学 reCOVER 工作室（Studio reCOVER）
- 路易斯安那州立大学沿海可持续发展工作室（LSU Coastal Sustainability Studio）

寻找当地变革者的其他渠道：

- ACSA 社区设计名录
- 想象美国 SEED（社会经济环境设计）认证

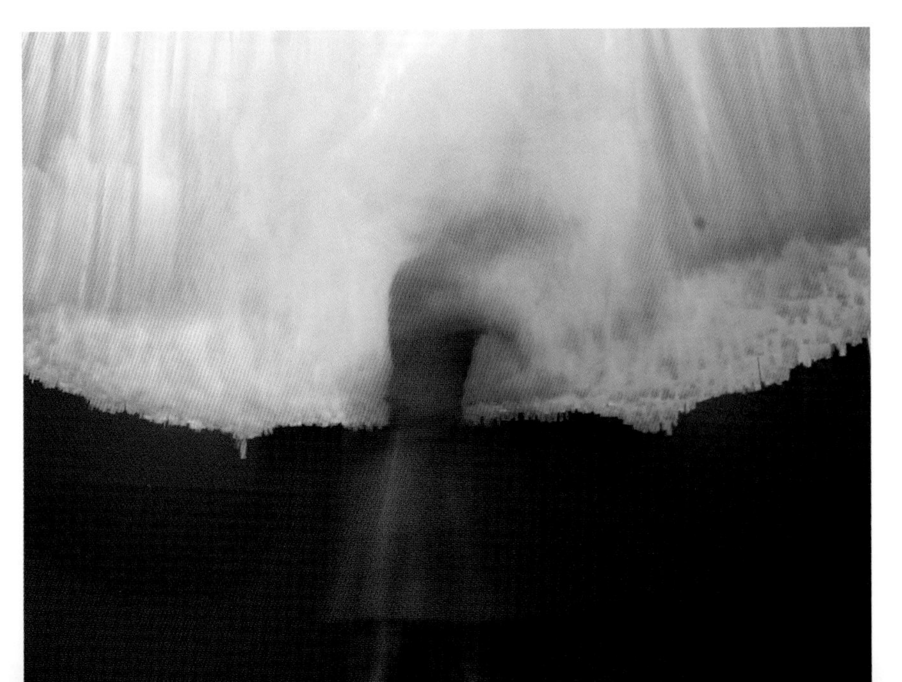

← **互动装置**

彩色光线通过从标准厨房垃圾袋上剪下的塑料条散射开。在这个装置中，当移动塑料的触觉条件与人体相互作用时，视觉是延迟的。

案例研究 11 临时苏克棚

项目

2015 年多伦多苏克维尔（Sukkahville）设计大赛。

建筑师

妮可·布沙尔（Nikole Bouchard）、米洛·波纳契米洛（Milo Bonacci）、朱利安·莱塞纳（Julien Leyssene）。

解决方案

“帆布茧”是一种临时的、可重复使用的结构，使用户能够在住棚节期间（以及之后）放松、休息和娱乐。传统的苏克棚是在犹太节日住棚节期间建造的临时建筑。

设计团队对他们的工作进行了以下描述：

“这个空间由三种主要材料构成：木材、棉帆布和黄麻。大块帆布悬挂在木结构上。这些帆布单被固定在结构顶部的黄麻缆绳上，形成一系列柔软的墙壁。帆布单的布置形成了一个遮蔽物，为使用者提供安全感和舒适感，就好像被包裹在温暖的毯子里一样。一个圆孔可以看到上方天空的壮丽景色。”

为了从可持续和道德的角度来思考他们的设计，该团队计划拆解并重复使用这些材料来创作其他公共艺术品。

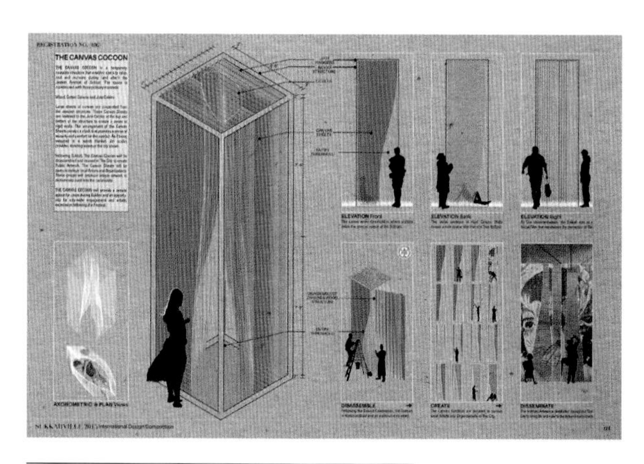

↑ 苏克棚

获奖的竞赛作品名为“帆布茧”，装置规模很小。

→ 运动

当帆布被各种体型的人移动时，帆布的运动画面被捕捉下来。

← 施工

在加拿大多伦多市政厅广场进行施工需要脚手架来竖立木柱。

案例研究 12　临时艺术展馆

项目

在哈格蒂艺术博物馆(Haggerty Art Museum)为雕塑花园创建一个特定场地的装置。

建筑师

“建筑工作室”，莫•兹尔和马克•罗尔勒。

解决方案

“破土动工”（Breaking Ground）是一个特定场地的临时建筑，可以提升用户的体验，让他们重新观察和思考现有环境——一座雕塑花园，同时测试建筑材料和构造的非凡品质。利用马凯特大学哈格蒂艺术博物馆举办的 30 周年庆典，将原有的凯斯•哈林（Keith Haring）建筑围墙上的壁画从仓库中取出。“破土动工”试图将两组木材、胶合板和聚碳酸酯板等易于组装的材料转变为新型的适合被观看的缝隙，观看天空，观察他人，并占据一个新的场地——树冠。

材料

两个重叠的聚碳酸酯系统，一个为 1/3in(8.5mm)，另一个为 3/4in(19.1mm)，当外层相对更透明时变得更明显。在进入空间时，内部聚碳酸酯板耸立在用户上方，在 9ft(2.7m)处建立基准，然后在另一端成为栏杆。这个不断扩展的水平基准突出了斜坡的倾斜度，并勾勒出天空的轮廓。聚碳酸酯板的透明度在一天中随着太阳及其与部件的相对位置 / 角度的变化而变化。

计划

“破土动工”是由乔尔•沃尔姆（Joélle Worm）精心设计的一段即兴舞蹈作品的灵感和背景。舞者、音乐家和观众互相交流，通过不断变化的高度和亲密层次与路径和景观融合，这些都是通过聚碳酸酯透明度的变化来增强的。

赞助方

Amerilux 国际有限责任公司和威斯康星大学建筑与城市规划学院。

↓ 光线变化

聚碳酸酯板的透明度在一天中随着太阳及其与部件的相对位置 / 角度的变化而变化。聚碳酸酯同时具有反射性、不透明性和透明性。

→ 新位置

该装置通过分隔来捕捉身体的影像。在相对于现有地面的新位置看到身体，脚从地面转移到眼睛水平位置，而头部消失在树冠层中。

案例研究 13　永久展馆

建筑师

土著工作室（studio：indigenous）。

威斯康星大学密尔沃基分校建筑学副教授克里斯•科尼利厄斯是设计和咨询公司——土著工作室的创始人。作为美国威斯康星州奥奈达市的注册会员，他的土著工作室致力于为美国印第安人提供服务。他的研究和实践侧重于对文化的建筑转译，尤其是美国印第安文化。

汗蒸更衣室

石头是汗蒸仪式中不可或缺的一部分。这间位于密尔沃基印第安社区学校的汗蒸屋式的室外更衣室的灵感来自于现场发现的石头。这个建筑的设计初衷是让人觉得它在地球上出现并一直存在，而不是放在那里的外星建筑。棒状框架结构用胶合板覆盖。

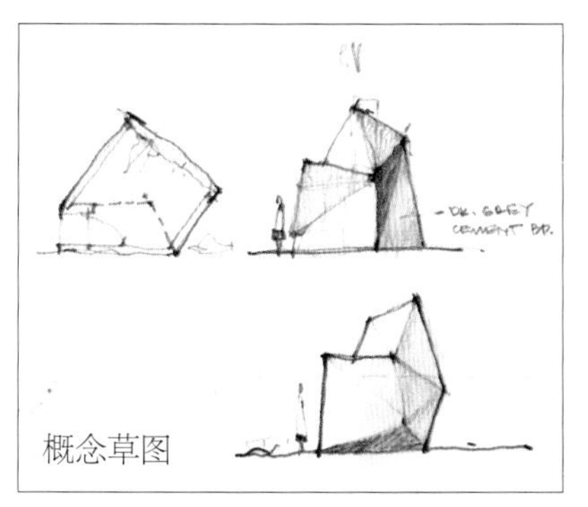

概念草图

← 研究模型

研究模型（折叠和展开）用于测试建筑表皮的形状和拼接。

↓ 多面建筑

阳光以各种方式从建成的汗蒸屋的各个表面反射出来。

建筑师时间表

文艺复兴到工业革命

1300 1400 1500 1600 1700

菲利波・布鲁内列斯基 1377—1446

莱昂・巴蒂斯塔・阿尔贝蒂 1404—1472
莱昂纳多・达・芬奇 1452—1519
阿尔布雷特・丢勒 1471—1528
米开朗基罗 1475—1564

安德列・帕拉底奥 1508—1580

吉安・洛伦佐・贝尼尼 1598—1680
弗朗切斯科・波罗米尼 1599—1667

圣彼得大教堂的设计归功于建筑师布拉曼特、米开朗基罗、马尔德诺和贝尼尼。

克劳德・尼古拉斯・勒杜 1736—1806
托马斯・杰斐逊 1743—1826
约翰・索恩爵士 1753—1837
卡尔・弗里德里希・申克尔 1781—1841

工业革命到现在

1800 1850

约瑟夫・帕克斯顿 1801—1865
维欧勒・勒・杜克 1814—1879
亨利・哈柏森・理查森 1838—1886
奥托・瓦格纳 1841—1918

安东尼・高迪设计的圣家族大教堂预计于 2030 年完工。

安东尼・高迪 1852—1962
路易斯・沙利文 1856—1924
弗兰克・劳埃德・赖特 1867—1959
查尔斯・伦尼・麦金托什 1868—192
阿道夫・路斯 1870—1933
皮埃尔・查里奥 1883—1950
艾琳・格瑞 1878—1976
洛伊斯・莉莉・豪 1864—1964
茱莉亚・摩根 1872—1957
瓦尔特・格罗皮乌斯 1883—1969
西格・列维伦茨 1885—1975
路德维希・密斯・凡・德罗 1886—1
勒・柯布西耶 1887—1965
埃尔・利西茨基 1890—1941
阿尔瓦・阿尔托 1989—1976

弗兰克・劳埃德・赖特设计的古根海姆博物馆在 1959 年震惊了世界。

1900

路易斯 • 康 1901—1974
马塞尔 • 布劳耶 1902—1981
朱塞佩 • 特拉尼 1904—1943
安妮 • 廷 1920—2011
娜塔莉 • 德布洛瓦 1921—2013
查尔斯 1907—1978 和蕾 • 伊姆斯 1912—1988
奥斯卡 • 尼迈耶 1907—2012
埃罗 • 沙里宁 1910—1961
保罗 • 鲁道夫 1918—1997

皮亚诺的作品为伦敦天际线做出了贡献。

1925

马塞尔 • 布劳耶 1996 年设计了惠特尼博物馆。

诺玛 • 斯科拉里克 1926—2012
贝弗利 • 威利斯 1928—
弗兰克 • 盖里 1929—
丹尼斯 • 斯科特 • 布朗 1931—
阿尔多 • 罗西 1931—1997
彼得 • 艾森曼 1932—
理查德 • 罗杰斯 1933—
阿尔瓦罗 • 西扎 1933—
理查德 • 迈耶 1934—
诺曼 • 福斯特 1935—
拉斐尔 • 莫内欧 1937—
伦佐 • 皮亚诺 1937—
安藤忠雄 1941—
彼得 • 卒母托 1943—
雷姆 • 库哈斯 1944—
斯蒂文 • 霍尔 1947—

1950

2013 年，藤本壮介赢得蛇形画廊的设计任务。

扎哈 • 哈迪德 1950—2016
雅克 • 赫尔佐格 1950—
大卫 • 奇普菲尔德 1953—
安娜贝尔 • 赛尔多夫 1960—
卡门 • 皮洛斯 1954—
妹岛和世 1965—
道格拉斯 • 达顿 1954—1996
布拉德 • 普菲尔 1956—
布丽奇特 • 沈 1958—
耐得尔 • 德黑兰尼 1963—
弗朗西斯 • 凯雷 1965—
大卫 • 阿德迦耶 1966—
保罗 • 路易斯 1966—
希拉里 • 桑普尔 1971—
藤本壮介 1971—

妹岛和世创立的 SANAA 建筑事务所设计的 21 世纪当代艺术美术馆于 2004 年开业。

名词解释

加法设计（additive design）

将两个平面元素组合起来建立空间。

分析（analysis）

还原的过程，对想法的分解和简化。

辅助面（assisting planes）

在透视图绘制过程中，该平面帮助将高度信息传递到非共面的平面上。

轴对称（axial）

沿轴线彼此对齐的各部分之间的强烈单一的关系。中心和线性是两种类型的轴对称关系。

轴测图（axonometric）

一种客观的三维表现，将平面图及立面图的信息结合在一张抽象的图纸上。它描述了无法在现实空间中被感知的景象。物体是沿着三个坐标轴的方向被测量的。轴测图容易绘制的原因在于平行元素仍保持平行关系。轴测图有很多类型，包括正等轴测图、（平面）斜等轴测图等。

构图（composition）

各部件的安排，包括它们的位置、数量、几何形状和尺度，以及它们自身和整体的关系。

视锥（cone of vision，CV）

在绘制透视图时，从位于视点的人眼处建立的一个60°的圆锥体。60°锥体以外的物体开始变形。

作图线（construction lines）

图纸中最轻的线条，用于确保一张图中的元素之间或两张图（如平面图和剖面图）之间的对齐。通常，这些线条在近距离观察时是可见的，但在3ft（0.9m）或更远的距离处消失。

剖切线（cut lines）

在平面图或剖面图中，这些是代表被剖切元素的最深的线。

图解（diagram）

将建筑物或物体视觉抽象为主要构思的过程。

立面图（elevation）

从一个物体外侧，面向该物体进行垂直剖切所得的二维图形。想象一个垂直于地面的平面，不切割建筑物和物体。物体外部的元素，例如地面，渲染为剖切线。物体或建筑物本身并没有被剖切，与建筑物相关的所有线都是看线。看线根据其与投影平面的距离而变化。距离较远的元素比距离较近的元素颜色浅。

看线（elevation lines）

这些线描绘出空间的边界。通常，与剖切面距离远的看线比与剖切面距离近的看线更浅。所有看线都比剖切线颜色浅。

连贯性（enfilade）

各个房间开口的位置是对齐的，使视线可以穿过相邻的房间。盒式房屋是美国典型的本土风格住房，是连贯性的典型范例。

配景（entourage）

把人物、汽车、树木、灌木和其他景观元素添加到图中，用以形成尺度、特征和肌理等。

图底关系平面图（figure-ground plan）

分别用黑色和白色绘制的，表现建筑物和空间关系的建筑肌理图解。不添加如街道、人行道等其他元素。它提供了一种了解建成环境模式及图形空间的相对尺寸和形状的方法。

隐藏线（hidden lines）

用于描绘理论上在图纸中不可见的物体或平面的虚线。例如，在平面图中，隐藏线用于表示位于剖切线之上的物体。

层次结构（hierarchy）

突出强调一个元素，使其重要性胜过其他元素，有助于图解及作品集排版。

视平线（horizon line，HL）

在透视图中，视平线是观察者站在视点处的高度。

正等轴测图（isometric）

一种比平面斜等轴测图视角更低的轴测图。同等强调了三个主平面。正等轴测图不允许通过直接从现有平面图中挤出来进行构建，而是要求对平面图进行重构，其前角绘制为120°，而不是90°。垂直信息通常忠于实际比例。测量值沿着30°退缩线进行转换。

测量线（measuring line，ML）

在透视图中，从画面和平面图的相交处引出的垂直线。所有的测量都必须通过这条线进行。

负空间（negative space）

物体或建筑外部的剩余空间或残留空间。负空间应被视为一个设计机会。

一点透视（one-point perspective）

只有一个灭点的透视图。

正投影图（orthographic projections）

对三维物体的二维抽象结果。正投影图包括平面图、剖面图和立面图。

设计方针（parti）

对项目主要构思或概念的图形描述。

透视图（perspective）

透视图是一种主观表现形式，旨在将三维空间、建筑或物体的体验转译到二维表面上。它是特定的、单一视点的视图。透视图无法模仿人眼的复杂性，人眼会感知周边且有双眼视觉，但透视图是一种可接受的表现工具。

画面（picture plane，PP）

与视锥相交的透明平面，接收被投射的透视图像，并垂直于观察者的视线。在二维透视图中，其位置有助于确定透视图像的大小。

平面图（plan）

水平切割物体、建筑或空间，通常为俯视。想象一个与地平面平行的平面，与建筑或物体相交。剖切面表示被平面切割的元素，用最暗的线条进行渲染。平面图有很多种，包括总平面图、楼层平面图、屋顶平面图、天花板平面图和图底关系平面图。

填充（poché）

Poché一词源自法语单词pocher，意为“画一幅粗略的素描”。通常被理解为建筑中渲染成纯黑色块的实体元素。

轮廓线（profile lines）

在正投影图中，限定物体或平面与开放空间之间的边界。

功能（program）

建筑或空间的用途。

比例（proportion）

各部分之间的构成关系。

剖面图（section）

在垂直方向上对物体、建筑或空间的剖切面。剖面图描述的是垂直关系，并且帮助确定建筑的空间特征。将剖切面想象成一个与地平面垂直的平面，与建筑或物体相交。同平面图一样，被平面切割的信息用最暗的线进行表现。

视线（sight lines，SL）

在透视图中，连接眼睛与被观察物体的投影线。在视线与画面相交的位置形成透视图像。

视点（station point，SP）

在透视图中，观察者所在的位置。

减法设计（subtractive design）

在实体元素中切割来创造空间的方法。

入口（threshold）

两个空间或元素连接在一起的点。

两点透视（two-point perspective）

有两个灭点的透视图。

灭点（vanishing point，VP）

在透视图中所有平行元素汇聚的一个点（或多个点）。

资源

参考文献

Brown, G. Z., and Mark DeKay. *Sun, Light & Wind Architectural Design Strategies*. 2nd ed. Hoboken, NJ: John Wiley & Sons, Inc., 2001

Ching, Francis D. K. *Architecture Form, Space, and Order*. 2nd ed. Hoboken, NJ: John Wiley & Sons, Inc., 1996

Ching, Frank. *Design Drawing*. John Wiley & Sons, Inc., 1997

Fraser, Iain, and Henmi, Rod. *Envisioning Architecture: An Analysis of Drawing*. Hoboken, NJ: John Wiley & Sons, Inc., 1994

Laseau, Paul, and Tice, James. *Frank Lloyd Wright: Between Principle and Form*. New York, NY: Van Nostrand Reinhold, 1992

Uddin, M. Saleh. *Hybrid Drawing Techniques by Contemporary Architects and Designers*. Hoboken, NJ: John Wiley & Sons, Inc., 1999

Yee, Rendow. *Architectural Drawing: A Visual Compendium of Types and Methods*. 2nd ed. Hoboken, NJ: John Wiley & Sons, Inc., 2003

Pressman, Andrew: Editor-in-chief. *Architectural Graphic Standards*. Hoboken, NJ: John Wiley & Sons, Inc., 2007

Clark, R. and Pause, M. *Precedents in Architecture*. Van Nostrand Reinhold, 1996

Bell, Victoria Ballard and Patrick Rand. *Materials for Design*. 1st and 2nd ed. NY: Princeton Architectural Press, 2006 and 2014

Bonnemaison, Sarah and Ronit Eisenbach. *Installations by Architects: Experiments in Building and Design*. NY: Princeton Architectural Press, 2009

Carpenter, William. *Learning by Building: Design and Construction in Architectural Education*. NY: Van Nostrand Reinhold, 1997

Corner, James. *Taking Measures Across the American Landscape*. New Haven, CT: Yale University Press, 1996

Curtis, William J. R. *Modern Architecture Since 1900*. NY: Phaidon, 1996

Dean Andrea O., *Rural Studio: Samuel Mockbee and An Architecture of Decency*. NY: Princeton Architectural Press, 2002

De Oliveira, Nicolas. *Installation Art in the New Millennium*. NY: Thames and Hudson, 2003

Eisenman, Peter. *Ten Canonical Buildings*. NY: Rizzoli, 2008

Erdman, Jori and Thomas Leslie. *"Introduction," Journal of Architectural Education 60:2*（2006): 3

Hayes, Richard W. *The Yale Building Project: The First 40 Years*. New Haven: Yale University Press, 2007

Mayne, Thom. *Combinatory Urbanism. Culver City, CA: Stray Dog Café*, 2011

Miessen, Markus and Shumon Basar, eds., *Did Someone Say Participate? An Atlas of Spatial Practice*. Cambridge: The MIT Press, 2006

Moussavi, Farshid. *The Function of Form*. Barcelona: Actar, 2009

Trachtenberg, Marvin, and Isabelle Hyman. *Architecture, from Prehistory to Postmodernity*. NY: Routledge, 2010

Tufte Edward. *The Quantitative Analysis of Social Problems*. Reading, MA: Addison-Wesley, 1970

White, Mason. *PA 30: Coupling: Strategies for Infrastructural Opportunism*. NY: Princeton Architectural Press, 2011

Williams, Tod and Billie Tsien. *WorkLife: Tod Williams, Billie Tsien*. NY: Monacelli Press, 2000

Zumthor, Peter. *Thinking Architecture*. Basel: Birkhauser, 2010

相关网站

www.archetypes.com
www.archinect.com
www.bustler.net
www.sectioncut.com
www.studyarchitecture.com

建筑行业组织

美国建筑师协会（AIA）

代表美国建筑师的专业组织。AIA 拥有超过 80000 名会员，支持高专业标准（道德规范），并提供资源、教育和建议。

西北区纽约大街 1735 号

美国华盛顿特区 20006-5292

1-800-AIA-3837, www.aia.org

美国建筑学生协会（AIAS）

这个由学生组织管理的非营利组织是建筑学和设计学专业学生的代言人。AIAS 提升教育、培训和专业优势。

西北区纽约大街 1735 号

美国华盛顿特区 20006

202-626-7472, www.aias.org

大学建筑学院协会（ACSA）

成立于 1912 年，美国和加拿大的 250 多所学校现在组成了 ACSA 的会员单位。推进优质建筑教育是该协会的主要关注点。

西北区纽约大街 1735 号 3 楼

美国华盛顿特区 20006

202-785-2324, www.acsa-arch.org

国家建筑认证委员会（NAAB）

NAAB 是专业的建筑学位的认证机构。

西北区纽约大街 1735 号

美国华盛顿特区 20006

202-783-2007, www.naab.org

国家建筑注册委员会（NCARB）

NCARB 的使命是保护公众的健康、安全和福利。NCARB 致力于专业实践标准及申请人注册标准。

西北区 K 大街 1801 号 1100-K 室

美国华盛顿特区 20006-1310

202/783-6500, www.ncarb.org

相关组织

美国建筑基金会（AAF）

AAF 教育公众关于建筑和设计对改善生活的重要性。

西北区纽约大街 1799 号

美国华盛顿特区 20006

202-626-7318, www.archfoundation.org

WWW.ARCHCAREERS.ORG

该网站是 AIA 的一部分，列出了成为建筑师的程序。他们突出了这个过程的三个 E：教育（education）、经验（experience）和考试（examination）。

州建筑注册委员会

www.ncarb.org/ stateboards/ index.html

各州的委员会将提供本州的许可要求。注册、考试和实践要求由其管理。

术语表

粗体字表示该词已在名词解释中收录。

A

阿尔瓦·阿尔托
Aalto, Alvar

无酸纸
acid-free paper

美学
aesthetics

莱昂·巴蒂斯塔·阿尔伯蒂
Alberti, Leon Battista

分析
analyses

分析草图
analytical sketching

阿诗牌水彩纸
Arches（paper)

建筑（定义）
architecture（definition)

贡纳·阿斯普隆德
Asplund, Gunnar

犬吠工作室
Atelier Bow-Wow

观众
audiences

轴测图
axonometric drawings

变体
variations

B

底座（模型）
bases（models)

椴木
basswood

“建筑工作室”
bauenstudio

学院派
Beaux Arts

作品集的装订
binding, of portfolios

盲绘
blind sketching

米洛·波纳契
Bonacci, Milo

妮可·布沙尔
Bouchard, Nikole

特纳·布鲁克斯
Brooks, Turner

菲利波·布鲁内列斯基
Brunelleschi, Filippo

建筑物（定义）
buildings（definition)

C

瓦楞纸板
cardboard, corrugated

事业
careers

谣传
myths

培训
training

有用的网站
useful websites

铸模
casting

炭笔
charcoal

皮埃尔·夏洛
Chareau, Pierre

刨花板
chipboard

Chipstone 基金会
Chipstone Foundation, The

模型陶土（材料）
clay, modeling（material)

拼贴
collage

图纸
drawings

颜色
color

社区参与
community engagement

构图
composition

计算机辅助设计（CAD）
computer aided design（CAD）

计算机辅助制造（CAM）
computer aided manufacturing（CAM)

概念
concepts

视锥（CV）
cone of vision（CV)

施工图（CD）
construction documents（CD)

孔特粉蜡笔
Conté crayons

轮廓草图
contour sketching

软木
cork

克里斯·科尼利厄斯
Cornelius, Chris

课程
courses

牛皮纸
craft paper

简历
CV（resumé)

D

道格拉斯·达顿
Darden, Douglas

转译数据
data, transferring

凯拉·德·瓦利斯
De Vares, Kayla

设计 / 建造项目
design/build projects

美国设计集团
Design Corps

设计作品集
design portfolios

设计草图
design sketching

凯尔西·德特曼
Dettmann, Kelsey

正二轴测图
diametric

数字软件
digital software

作品集中的文件存档
documentation, in portfolios

绘图
drawing

工具
tools

参见草图
see also sketching

图纸
drawings

轴测图
axonometric

明暗
shade

明暗法
shading

阴影
shadows

视线（SL）
sight line（SL）

单速设计事务所
Single Speed Design

阿尔瓦罗·西扎
Siza, Alvaro

素描本
sketchbooks

草图
sketches

素描
sketching

　介质
　media

　技巧
　techniques

　种类
　types

罗伯特·斯拉茨基
Slutsky, Robert

软件
software

空间
spaces

　建筑实体模型
　architectural mock-ups

空间叠置
spatial overlap

视点（SP）
station point（SP）

静物素描
still-life sketching

点刻法
stippling

工作室项目
studio projects

土著工作室
studio:indigenous

专业教室
studios

苯乙烯
styrene

T

文字
text

论题
thesis

加略特·汤美诗
Tomesh, Garett

工具
tools

　数字
　digital

　徒手
　freehand

　尺规
　hardline

　制作模型
　modeling

　纸张
　papers

描图纸
tracing paper

培训
training

钱以佳
Tsien, Billie

两点透视
two-point（2-point) perspective

U

威斯康星大学密尔沃基分校建筑与城市规划学院
UWM SARUP

马库斯奖工作室
Marcus Prize Studio

V

真空成型机
vacuum forming

特奥·凡·杜斯伯格
van Doesberg, Theo

灭点（VP）
vanishing point（VP）

仿羊皮纸
vellum

视角
viewpoints

W

水性颜料
washes, water-based

水彩
watercolor

马里昂·韦斯
Weiss, Marion

空白部分
white spaces

泰德·威廉姆斯
Williams, Tod

工作经验
work experience

弗兰克·劳埃德·赖特
Wright, Frank Lloyd

Z

莫·兹尔
Zell, Mo

致谢

Quarto 出版公司要向以下为本书提供插图和照片的朋友致以谢意。所有斜体字所述图片均来自网站 Shutterstock.com。

关键词：a 表示上方，b 表示下方，c 表示中间，l 表示左方，r 表示右方。

尽管我们已竭尽全力注明贡献者及出处，但如果有任何遗漏或错误，Quarto 出版公司愿意道歉，并在本书的未来版本中做出适当修订。

Pp 10: Charles Bowman/Robert Harding World Imagery/Corbis. Pp 11: al Richard Einzig/arcaid.co.uk. Pp 14: Seattle Art Museum: Olympic Sculpture Park, Michael Manfredi and Marion Weiss, Weiss/Manfredi Architecture. Pp 15: Library of Congress. Pp 16: ar Bettmann/Corbis, cr Grand Buildings, Trafalgar Square, 1985, Zaha Hadid Foundation, b Library of Congress. Pp 17: al Alinari Archives/Corbis, ar ©2017 Eames Office, LLC（eamesoffice.com）, Foster + Partners. Pp 18: b bauenstudio. Pp 19: bl & br bauenstudio. Pp 20: bl & br bauenstudio. Pp 22: bl & bc Patkau Architects Inc. Pp 23: br bauenstudio. Pp 24: r bauenstudio. Pp 25: a bauenstudio, al & ar Eli Liebnow and Jonnie Nelson. Pp 28: a & b bauenstudio. Pp 29: a & b Johnsen Schmaling Architects. Pp 32: b Johnsen Schmaling Architects. Pp 33: a & b Johnsen Schmaling Architects. Pp 34: *Coprid*. Pp 35: *Laborant, ImagePixel, Picsfive, exopixel, Andrey Emelyanenko*. Pp 36: *Oleksandr Kostiuchenko, BonD80*. Pp 37: *Igorusha, Jiradet Ponari, Amnartk*. Pp 42: r Library of Congress. Pp 43: br Álvaro Siza. Pp 44: b & br David Gamble. Pp 47: br Courtesy Steven Holl. Pp 48: l Rembrandt Harmensz. Van Rijn Graphische Sammlung Albertina, Vienna, Austria/The Bridgeman Art Library. Pp 53: al &ar Aqua Tower. Sketch by Jeanne Gang, courtesy of Studio Gang. Photograph by Steve Hall © Hedrich Blessing. Pp 56: br bauenstudio. Pp 57: bl bauenstudio. Pp 60: r bauenstudio. Pp 65: r bauenstudio. Pp 67: bl bauenstudio. Pp 69: br studio:indigenous. Pp 70: Bettmann/Corbis. Pp 78: a is-office. Pp 79: ar Courtesy Eisenman Architects. Pp 81: Martha Foss. Pp 83: Louisiana Pavilion construction diagrams © selgascano+helloeverything. Pp 84: bauenstudio. Pp 86: Eileen Tweedy/Victoria and Albert Museum London/The Art Archive/©DACS 2007. Pp 90: Bettmann/Corbis. Pp 102: ar Alamy. Pp 105: l Brian Andrews. Pp 106: Edifice/Corbis/©FLC/ADAGP, Paris, and DACS, London 2007. Pp 107: ar Melbourne School of Design © John Horner Photography. Pp 109: br Dennis Gilbert/Esto/View, br Jeff Goldberg/Esto/View. Pp 114: bl bauenstudio, br © 2007, Estate Douglas Darden. Pp 115: bl & br bauenstudio. Pp 118: a bauenstudio. Pp 120: br studio:indigenous. Pp 121: bl bauenstudio, br Lewis.Tsurumaki.Lewis, Upside House, 2001 sectional perspective. Pp 122: al, bl &br Drawings by Marc Roehrle, ar studio:indigenous. Pp 123: bauenstudio. Pp 126: c Seattle Diagram, Office for Metropolitan Architecture. Pp 128: b bauenstudio. Pp 130: Heydar Aliyev Center, Zaha Hadid Architects; photograph by Hufton+Crow. Pp 131: Single Speed Design, www.ssdarchitecture.com. Pp 134: Alamy. Pp 140: a Engberg Anderson, b Nikole Bouchard. Pp 145: br Nick Zukauskis. Pp 147: Nikole Bouchard. Pp 148: bauenstudio. Pp 149: studio:indigenous & Nick Zukauskis. Pp 150: l *Samot*, ar *tuulijumala*, br *Tinnaporn Sathapornnanont*. Pp 151: tl *pxl.store*, bl *cowardlion*, c *Osugi*, r *Ron Ellis*.

作者要向以下为本书提供其他插图的朋友致以谢意。

Bob Allsop, Brian Andrews, Javier Barajas-Alonso, Milo Bonacci, Nikole Bouchard, Andrew Cesarz, Joe Creer, Jimmy Davenport, Kelsey Dettman, Kayla De Vares, Tyler Dudley, Steve Fellmeth, Laura Gainer, David Gamble, Ben Gilling, Sarah Grieve, Robert Guertin, Therese Hanson, Bradley Hopper, Alisa Huebner, Jared Kraft, Lauren Kritter, Julien Leyssene, Eli Liebenow, Jared Maternoski, Ryan Neidenger, Jonnie Nelson, Travis Nissen, Aubree Park, Ben Penlesky, Amber Piacentine, Robin Reedy, Paul Rhode, Marc Roehrle, Dustin Roosa, Damian Rozkuszka, Justin Sager, Thomas Schneider, Jimmy Sequenz, Sam Smith, Di Tang, Garrett Tomesh, Melissa Torres, Ryan Tretow, Nathan Waddell, Jake Walker, Dominque Xiong, Tommy Yang, Kelly Yuen, Mo Zell, Nick Zukauskis.

我仍然感谢帮助构建本书原版框架的波士顿的同事们。他们是 Michael MacPhail, Andy Grote, Mary Hughes, Mark Pasnik, Lucy Maulsby, Chris Hosmer。我住在密尔沃基，周围都是非常出色的新同事。我要感谢 Nikole Bouchard 和 Kyle Reynolds 分享他们在设计和表现方面的专业知识(以及办公场地)。感谢 Janet Tibbetts 帮我编辑。

我要把这本书献给我的丈夫和设计合作伙伴马克•罗尔勒。他是一位充满激情的教师和建筑师，并且始终都支持我的抱负。我试图完成的大部分与建筑和生活相关的事情中，如果没有马克，我会一事无成。还要感谢我的家人给予我的永无止息的支持和爱。如果没有我多年来在东北大学（NEU）和威斯康星大学密尔沃基分校（UWM）传道授业的奉献和辛勤工作，这本书也不会完成。原版书要特别感谢我的春季 2007 级手工表现班级：Allison Browne, Hokchi Chiu, James Mcintosh, Renee McNamee, Karina Melkonyan, Lauren Miggins, Kathleen Patterson, Brett Pierson, Stephanie Scanlon, Tony Wen, Tiffany Yung,KorneliaZnak.。这个修订版反映了我和我的威斯康星大学密尔沃基分校的学生们在制作 / 拆解博物馆工作室之时的许多工作及研讨。他们是 Joe Creer, Kayla De Vares, Kelsey Dettmann, Tyler Dudley, Ben Gilling, Sarah Grieve, Eric Hurtt, Andrew Huss, Adam Oknin, Robin Reedy,Sam Smith, Jake Stuck, Di Tang, Garett Tomesh。我还要特别感谢我的研究助理 Jonnie Nelson，他是一名非常优秀的学生。